KB126793

금강 따라 짚어가는 우리 역사

청소년을 위한

역사 체험여행 2

금강 따라 짚어가는 우리 역사

신정일 지음

판미동

| 차례 |

1구간

뜬봉샘에서 용담댐까지

2구간

용담댐 아래에서 초강까지

3구간

고당리에서 갑천까지

4구간

부강포구에서 부여 현북리까지

5구간

부여에서 군산 하구둑까지

| 저자 서문 |

금강 천 리 길을 한 발 한 발 걷다

내가 천 리 길 금강을 한 발 한 발 걷기 전만 해도 강은 항상 멀리서 나를 바라보고만 있었고 나 역시 강을 먼 나라 이야기처럼 여기며 그리워하고만 있었는지도 모른다.

그때까지만 해도 강은 항상 내 어린 날 작은 냇물에서 뛰놀고난 뒤 밤에 찾아오는 시냇물소리처럼 내 삶의 언저리를 맴돌고만 있었다. 그러나 그 강을 발원지에서 하구까지 걸어가면서 강의 이쪽과 저쪽, 그리고 우리 역사 속에서 강은 무엇인가를 조금이나마 알게 되었고, 그 강을 힘겹게 다 걷고 난 뒤부터 금강은 그 전에 보았던 강이 아니었다. 강의 한 구비 한 구비가 일렁이는 물결이나 여울져 흐르는 물살로 되살아났고, 강은 내 영혼 속에 스며들어 거부할 수 없는 어떤 운명처럼 되었다.

금강은 전라북도 장수군 장수읍 수분이 마을에서 반시간 남짓 올라간 신무산神舞山 정상쯤의 작은 샘인 뜬봉샘에서 시작된다. 가느다란 물줄기가 장수를 거쳐 진안의 용담댐으로 흐르고 무주 · 금산 · 영동 · 옥천을 거쳐 대청댐으로 접어든다. 경부선 열차와 고속도로가 지나는 신탄진 아래에서 갑천甲川을 받아들인 금강이 그 번성했던 부강포구를 지난 뒤 행정수도 예정지인 연기를 거쳐 공주에 도착한다.

공주 · 부여를 지나며 금강은 백마강이라는 이름을 얻고 논산과 익산, 임천과 한산을 지나며 풍성해져 서천과 군산 사이에서 서해 바다로 들어간다.

금강을 중심으로 일구었던 나라가 백제였으며, 백제의 뒤를 이어 그 땅에 도읍을 열었던 나라가 후백제였다. 그러나 의자왕의 맺힌 한을 풀리라고 공언했던 견훤의 꿈은 왕건과의 한판 싸움에서 패배한 뒤 흐르는 강물처럼 사라져버렸다. 견훤에게 곤욕을 치렀던 왕건은 삼한을 통일한 뒤에 〈훈요십조〉 중 8조에서 '차령 이남과 공주강 이남의 사람은 아무리 미관말직이라도 등용시키지 말라'는 말을 남겼고, 이후 차령 이남 사람들의 벼슬이 제한되었다.

그 후 오랜 세월이 흐른 뒤에 이 금강 일대를 중심으로, 정여립 사건과 이몽학의 난이 일어났고 다시 세월이 물같이 흘러 1894년에 동학농민혁명이 일어났다.

강물이여.

가서 가서 쉼 없는 자여.

즐거이 즐거이 노래하며 가는 자여.

한 번 가서 마침내 뉘우침이 없는 자여.

모든 물은 바다로!

한 방울 개울물이 아득한 바다의 방향을 어찌 알랴.

가다가, 찾아가다가 마침내 마를지라도 바다로! 바다로!만

지향하여 마지않는 그 갸륵함으로, 애달픔이여.

위와 같이 노래한 청마 유치환의 글처럼 강물은 세상이 아무리 변하고 또 변해도 흐름을 멈추지 않고 흐르고만 있었다.

밤낮을 그치지 않고 흐르는 금강을 걸으면서 나는 쓸쓸했고 외로웠다. 사람들의 삶의 터전이었던 그 옛날의 번성함이 사라지고 빈집과 현대인들의 부산물인 쓰레기만 쌓여 있는 강, 소외와 낙후의 대명사가 되어 쓸쓸함과 고적함만 감도는 강변을 걸으며 얼마나 많은 한숨을 내쉬었던가.

그 옛날 강은 사람들에게 가장 필요한 터전이었다. 인류의 모든 문명이 강으로부터 시작되었고, 우리나라의 역사 역시 한강이나 낙동강, 금강이나 대동강 등 큰 강을 중심으로 전개되었다. 이중환이 지은 『택리지』에서도 사람이 가장 살 만한 곳을 계거溪居로 보았고 그 다음을 강거江居,

즉 강가 근처로 보았으며 가장 살 만하지 않은 곳을 해거海居라고 보았다. 그러한 강이 근현대사 속에서 소외되어 있다가 물이 생명이라는 인식이 확산되면서 강을 찾는 사람들이 늘어나기 시작했고 자치단체들도 자기 지역을 흐르는 강에 관심을 가지기 시작했다. 그러나 강은 이미 그 옛날의 강이 아니었다.

어디를 가거나 강가에 쓰레기가 없으면 오히려 심심할 정도였다. 대도시는 다르지만 군 · 면 단위의 소도시나 한적한 마을 강가 근처에는 젊은 이들은 간 곳 없고, 오직 떠날 수조차 없는 나이든 사람들만이 고향을 지키고 있었다.

오로지 강의 전체를 보고자 하는 열망 하나로 천 리 길 금강을 따라 걷기 시작했지만 길이 있는지 없는지도 모르는 강 길을 걷는다는 것이 쉬운 일은 아니었다. 첫날 하루를 걸은 뒤 저녁밥을 먹고 나서 나는 암담하기만 했다. 한 걸음도 더 떼기 어려울 만큼 무거운 다리를 이끌며 과연 401킬로미터의 여정을 무사히 견뎌낼 수 있을까.

우려했던 것처럼 다음 날 내 발은 이미 내 것이 아니었다. 그러나 "천하의 일은 뜻을 세우는 일이 우선이다. 뜻이 지극하면 뒤에는 기氣가 따르게 마련이다."라는 옛사람들의 말처럼 발원지에서 하구로 이어지는 우리의 여정은 계속되었다. 가다가 길이 끊어져 갈 수가 없어 허망하게 막힌 길을 원망하다가 돌아서게 되는 때도 많았다.

그 길이 꿈속에서처럼 아련하게 떠오른다. 힘들었던 만큼 즐거움 또한 많았던 것이 금강 도보답사였다. 그때의 아쉬움이 모여 내가 섬진강, 한강, 낙동강, 영산강, 만경강, 동진강, 한탄강 등 남한의 8대 강을 걷게 되는 원동력이 되었을 것이다.

강을 걷다 보면 강가에 들어선 잘 지어진 집들이 자주 눈에 띈다. 우리나라 현실에서 강가만큼 사람이 살기 좋은 곳은 없다는 사실을 입증하는 것이리라. 우리의 삶터이자 생명선인 강을 살리고 보존해야 하는 이유가 거기에 있다.

강을 따라 걸으며 강을 보존하고 지킨다는 것이 얼마나 힘든 것인가를 깨달을 수 있었고, '물이 없으면 우리의 생명도 없다.'라는 명제와 함께 '물을 소중하게 모셔야 한다.'는 것도 배웠다.

'흐르는 물은 순간순간 새로운 존재'라는 『싯다르타』의 구절처럼 어제 보았던 강은 이미 어딘가를 향해 흘러갔다. 오늘 우리가 바라보는 강은 새로운 강이다. 그러한 사실을 깨달으며 설명할 수 없는 서글픔과 새로운 것에 대한 열망들을 심어주는 것이 강이었다. 강은 끊임없이 새롭게 태어나고 사라지는 것을 가르쳐주고 있었다.

삶과 죽음을 연속적으로 반복하며 생성하고 또 생성하는 것이 강물이고 그 강물이 모여 바다로 간다. 쉬지 않고 흐르고 흘러서 바다로 가는 그 강물의 곁에서 강을 보며 청소년들이여! 많은 것을 보고 배우고 사랑하게 되기를.

2007년 10월
온전한 땅 전주에서

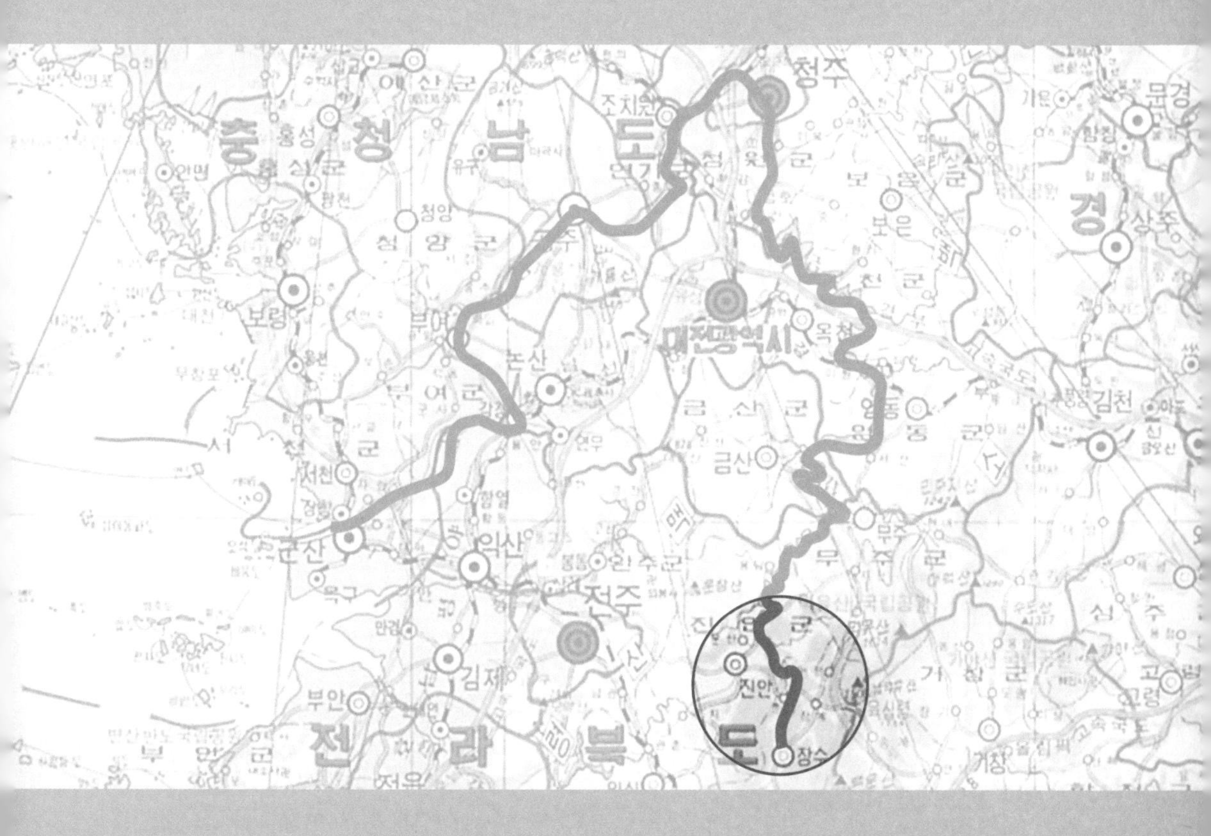

1구간

뜬봉샘에서 용담댐까지

숯불을 놓고 뜸을 뜬 뜬봉샘 | 천근 만근 다리는 아프고
길 없는 길 위에 잡초만 무성하고

■■■ 숯불을 놓고 뜸을 뜬 뜬봉샘

수분리 마을에 비는 내리고

밤이 깊도록 잠들지 못했다. 내가 과연 장수 수분리水分里 뜬봉샘에서부터 천 리 길을 한 걸음 한 걸음 걸어서 금강 하구둑에 도착할 수 있을까? 내가 그 여정 속에서 새로워질 수 있을까?

밤새워 나 자신에 대해 이렇게 저렇게 생각해보고 물어보았지만 잘 모르겠다. 그래, 가보는 거다. 가다가 중지하는 일이 있을지라도, 가다가 내가 나를 이기지 못해 쓰러질지라도 가보는 거다. 인도의 시인 카비르는 "그대가 원하는 곳이면 어디든지 가보라."고 했고, 임제는 "바로 지금이지, 다시 시절은 없다."고 하지 않았던가.

오늘 어떤 불행이 나를 기다리고 있을지라도 결국은 받아들일 수밖에 없고 헤쳐나갈 수밖에 없을 것이다. 우려가 너무 깊은 탓인지 잠은 자꾸 달아나고 라디오에선 시간마다 태풍소식이다.

태풍은 남녘지방에 큰 피해를 내고 북녘지방을 통과하고 있다고 한다. 배들이 부서지고 방조제가 파손된 곳에서는 논밭이 침수되고, 흑산도에서는 기상관측사상 최대의 바람이 불었다고 떠들썩하다. 그런 뒤숭숭함을 뒤로하고 우리가 오늘 나서는 이 금강 답사에는 어떠한 의미가 있는가. 강을 따라 걷는 우리의 발걸음이 금강을 사랑하고 살리는 데 작은 부분이라도 기여할 수 있을까 생각해본다.

우리가 출발하는 아침 시간에 태풍은 북한 내륙지방을 통과하고 있고 오후쯤에는 함경도의 함흥을 지날 것이란다.

종합경기장에서 일행들과 만나 진안을 거쳐 전라북도 장수군 장수읍 수분리에 도착한 시간은 아침 9시였다.

수분리 마을에 비가 내린다. 수분리는 사진작가 강운구가 『뿌리깊은 나무』 「전라북도」 편에 실었던 1960년대의 눈 내리는 초가마을이 아니고 슬레이트 지붕 집이나 기와집 아니면 양옥집이 울긋불긋 들어선 마을이다.

수분리 노인정에 20~30명의 사람들이 모였다. 금강사랑운동본부의 김재승 회장, 김동수 국장과 이용엽 선생, 서울 대표로 참가한 김수덕 씨를 비롯한 금강사랑회 식구들과 장수군 산림과장, 환경과 직원들 그리고 수분리 마을사람들과 팔공산악회원 등이다. 서로 인사를 나눈 후 우리는 곧 도착할 것이라는 MBC 이종휴 기자를 기다리고 다른 일행은 먼저 출발한다. 잠시 후 MBC 보도진이 도착하고 처음 이곳에 오는 탓에 길을 잃어 늦었다는 그들과 함께 수분리 마을을 지나 뜬봉샘으로 향한다.

길 위에는 태풍으로 떨어진 호두나무 열매가 그득하다. 나는 떨어진 호두를 발로 비빈다. 아직 충분히 익지 않았으리라 생각했는데 푹 익었을 때나 다름없이 속살을 드러낸다. 고소하고 부드러운 호두맛을 9월 초하룻날 먼저 맛본다. 이제부터 본격적으로 신들이 춤을 추고 놀았다는 뜻을 지니고 있는 신무산神舞山(895미터) 산행길에 오른다.

뜬봉샘 | 금강의 발원지 뜬봉샘(비봉샘). 신무산 정상 부근에 있다.

산행길에 처음 만나는 골짜기 강태등골

얼마 전 뜬봉샘으로 가는 길을 정비해서인지 풀이 말끔히 베어져 있고 길가에는 물봉선꽃과 싸리꽃 사이로 달개비, 도라지, 마타리 꽃들이 오순도순 피어 있다. 한참을 오르자 임도가 나타나면서 길가에 물뿌렝이 마을, '강태등골'이라는 나무 푯말이 보인다. 태풍으로 내린 빗물이 길 왼쪽으로 흘러내리고 길가에는 다래와 으름들이 주렁주렁 열려 있다.

뜬봉샘 500미터라는 나무 푯말이 뜬봉샘회, 팔공청년회 이름으로 세워져 있고, 평원 같은 풀숲을 헤치고 올라가자 먼저 온 일행들이 젯상을 준비하고 기다리고 있다. 신무산 밑에 뜬봉샘이라고 새겨진 바위 표지판이 서 있다. 잘 정비된 뜬봉샘은 제법 많은 물을 뿜어내고 있었다. 뜬봉샘이라고 부르는 이 샘을 하천연구가 이형석 선생은 '밥내샘'으로 부른다. 그 이유는 고개 너머에 식천食川리가 있고 수분리에서 식천으로 넘어가는 고개가 밥이 타는 냄새가 난다는 의미의 밥내고개이기 때문이라고 한다. 산 정상이 바로 위쪽임에도 불구하고 가뭄에도 끊이지 않고 솟아난다는 저 물길은 어디서 생겨나는 것일까.

한글학회가 펴낸 『한국지명총람』 장수군 편에는 "뜸봉(산) 수분 서쪽에 있는 산. 장군대좌혈의 명당이 있는데 역적이 날까 두려워 숯불을 놓고 불을 질러 그 명당자리를 떴다 함."이라고 씌어 있다. 또 다른 전설로 옛날 이 산에서 고을의 재앙을 막고 풍년을 기원하기 위해 군데 군데 뜸을 뜨듯이 봉화불을 올렸다는 이야기도 있다.

뜬봉샘 산신제 | 뜬봉샘에서 천제를 지내고 있다.

그러나 얼마 전에 세운 표지판에는 태조 이성계가 백일기도를 하다 조선 건국의 계시를 받았다는 임실 성수산 상이암의 전설과 비슷한 내용이 기록되어 있다. 장수문화원의 협조로 만들었다는 표지판의 내용(뜬봉)과 한글학회에서 이야기하고 있는 내용(뜸봉) 중 어느 쪽이 맞는지는 더 검토가 필요한 부분이리라.

차려진 젯상 앞에 모여 천제를 지낸다. 산신제임에도 불구하고 간소하게 차린 우리들의 정성스런 마음을 헤아려주시길 빌며 김재승 회장의 초헌으로 제사는 시작되었다. 김재승 회장의 초헌에 이어 김동수 국장의 고천문이 이어졌다.

새천년 구월 하늘에 올리는 글

유세차 경진년 구월 초하루 전라북도 장수군 장수읍 수분리 뜬봉샘에서 금강사랑운동본부와 황토현문화연구소가 지극 정성 모아 하늘에 고합니다.

금강의 발원지에 대한 기록들

① 『동국여지승람』에 의하면 "수분현水分峴 : 현의 남쪽 25리에 있다. 골짜기의 물이 하나는 남원으로 향하고 한 줄기는 본현으로 들어와 남천이 되었다. 이것 때문에 붙인 이름이다. …… 남천은 북으로 흘러 용담현 경계로 흘러간다." 고 기록되어 있다.

② 현대 문헌으로 『한국지명사전』에서는 육십령과 천마청산, 『한국지명요람』과 『큰사전』(한글학회), 『새한글사전』에는 전북 장수군, 『국어대사전』(현문사)과 『세계대백과사전』(학원사)에는 소백산맥에서 노령산맥 사이, 『한국지명총람』에는 신무산 수분이 고개로 표기되어 있다. 동아 세계대백과사전에는 장수군 소백산맥 서사면에서 발원한다고 지명에도 없는 부분을 명시하고 있다.

금강의 발원지 뜬봉샘에서 금강이 바다로 들어가는 충청남도 서천군 장항읍 화양리에 이르는 401킬로미터 구간마다 역사와 문화가 있고 그 안에는 수많은 사람들이 서로 기대어 살고 있습니다. 그러나 산업화가 진행되면서 사람들의 편리를 위해서라는 미명하에 대청댐이 만들어지고 근간에는 용담댐이 만들어지면서 흔전만전 물 쓰듯 한다던 물이 부족한 시대에 직면해 있습니다. 사람과 사람이, 각 자치단체들이 나라와 나라가 서로 나뉘어 반목하는 시대에 모든 것을 용서하고 받아들이고 한몸이 되는 강, 그 강 중에서도 이름조차 비단결 같이 아름답다는 금강따라 천 리 길을 걸어가며 금강변의 환경, 문화, 자연, 역사, 민속 그리고 가장 중요시되어야 할 사람에 대해 알고 거듭나고자 하는 이 행사를 시작합니다.

한울님이시여 굽어살피시어 이 여정을 무사히 마치도록 도와주시옵소서. 그리고 수많은 지류들이 모여 강물이 되고 그 강이 바다로 흘러가듯이 우리의 굳게 닫힌 마음의 벽을 허무시고 서로가 서로를 이해하고 하나가 되게 깨우쳐주소서. 그리하여 자연과 사람이 사람과 자연이 모두가 공경하고 경외하는 시간을 허락하여 주소서.

경진년 구월 초하루

금강사랑운동본부 황토현문화연구소

상향

장수군청 산림과장의 아헌에 이어 종헌을 마친 뒤 제물로 차렸던 음식을 나누어 먹었다.

상수리나무와 오리나무를 비롯한 여러 가지 잡목 숲에 둘러싸인 뜬봉샘. "이 샘이 우리들이 성산이라고 일컫고 있는 백두산이나 한라산과 뭐 다를 게 있겠어요. 오히려 경기도와 경상도, 충청도를 비롯 전라도 일대에서는 이 강이야말로 얼마나 귀중한 강입니까?"라고 열을 내는 이용엽 선생이나 김재승 회장의 말이 아니라도 금강의 뜬봉샘은 바라볼수록 신기하기 이를 데 없다.

이 물은 가장 근접한 골짜기 강태등골을 흘러 장수천으로 흘러갈 것이다. 좌우 계곡을 흐르는 물소리가 요란하고 수분리에 이르러 가야 할 사람은 가고 남아야 할 사람은 남는다.

금강은 나라 안에서 여섯 번째로 큰 강으로 남한에서는 낙동강, 한강에 이어 세 번째로 길며 총 유역 면적만 해도 9,886평방킬로미터에 이른다.

『당서唐書』에는 금강을 웅진강熊津江이라고 기록하였다. 금錦은 원어 '곰'의 사음寫音이다. 곰이라는 말은 아직도 공주의 곰나루라는 명칭에 남아 있다. 일명 호강湖江이라고도 부른다.

10년 전만 해도 수분이 고개(수분령)에 있는 김세호 씨 집의 남쪽 처마로 떨어지는 빗물은 섬진강으로 흘러가고 북쪽으로 떨어지는 빗물은 금강의 발원지가 되었다고 하지만, 지금은 새로 집을 지어 그렇지 못하다. 수분리 남쪽

금강의 여러 이름

상류에서부터 적등진강赤登津江, 차탄강車灘江, 화인진강化仁津江, 말흥탄강末訖灘江, 형각진강荊角津江 등으로 불리며, 공주에 이르러서는 웅진강, 부여에서는 백마강, 하류에서는 고성진강古城津江으로 불린다.

수분령 | 금강과 섬진강의 물길이 나뉘는 수분령에 세워진 표지석.

에 있는 고개인 수분재는 해발 600미터쯤 되는데, 남쪽으로 흐르는 물이 섬진강이 되고 북쪽으로 흐르는 물줄기가 금강이 되기 때문에 물이 나뉜다는 뜻의 수분이 고개라고 하였다.

수분리 마을의 계단식 논 | 신무산 자락에 자리 잡은 수분리 마을의 계단식 논

수분원 터는 사라지고

수분이 고개에는 조선시대에 공무로 여행하는 사람들의 숙식을 제공하기 위해 만들었던 원집이 있었다. 현재 이 고개에는 주유소와 식당이 들어섰고 길손이나 관리들이 묵어갔던 수분원은 사라지고 없다. 졸졸 흐르는 강이 수분 남쪽에 있는 강태등골을 쑤시고 개정리에서 이평천을 받아들이며 강은 제법 구색을 갖추고 흐른다.

계단식 논들이 다랑다랑 펼쳐진 이곳에 웬 들판은 그리도 많은지 온숫골 들판, 언굿볼 들, 진압봇 들이 펼쳐진 이 지역에는 흉년에 해구에게 팥죽 한 그릇 얻어먹고 넘겨주었다는 팥죽배미라는 논이 있다. 논두렁길을 따라 내려가는 길에 노랗게 익어가는 벼이삭이 고개를 숙이고 있다.

몇 개의 다리를 건너고 산비탈로 접어들자 보기 힘든 노란 물봉선꽃이 새초롬하게 피어 있다. 길은 끊어질 듯 끊어질 듯 이어지고 그러다가 어느 순간 사라져버리고 만다. 끊어진 길은 가파른 산비탈을 헤치고 나와서야 다시 이어지고 우리는 겨우 둑으로 올라선다. 무너진 둑은 폐타이어로 막았다. 송계천변에서 쉬면서 가야 할 길을 점검한다. 약속대로 50분 걷고 10분 쉰다.

비행기재 아래를 흐르는 용주천과 뜬봉샘에서 내려온 금강이 소나무 숲이 그럴싸한 하평에서 만난다. 저 구름에 휩싸인 팔공산 너머에서 남한에서 네 번째로 긴 섬진강 오백리 길이 시작되고 강원도 태백에서 한강과 낙동강이 긴 여정을 시작한다. 남한에서 긴 강인 한강과 낙동강, 그리고 금강과 섬진강이 서로 근접한 곳에서 시작되는 것은 무슨 연유인가 생각하며 나는 아직 풋내 나는 대추를 하나 따먹는다. 이 대추가 달짝지근해질 때까지 발길은 금강변을 헤매고 있을 것이다.

하평마을 오른쪽에서 흐르는 내는 최근 내린 비로 급작스럽게 불어 있지만 설마 못 건너가랴. 결국 내 발은 흠뻑 빠지고 만다. '한 번 비에 젖은 자는 다시 젖지 않는다.' 라는 오규원의 시 구절처럼 이미 젖었으므로 다시 젖지는 않을 것이다.

아무래도 우리의 발은 통통 불어터질 듯싶다. 그래 내친 걸음이다. 젖으면 젖은 만큼 길은 어렵지 않을 것이다. 새터마을을 지나며 물소리는 제법 우렁차게 제 소리를 내며 흐른다. 산은 높고 물은 길다는 산고수장山高水長의 고장 장수의 이름처럼 구름은 팔공산 아랫자락까지 덮여 있고 들녘은 누르스름하다. 장수 읍내 진미식당에서 늦은 점심을 먹었다.

조선시대 하나의 현이었던 장수의 백제 때 이름은 우평雨枰현이다. 신라 때에 고택高澤으로 고쳐서 장계군에 딸렸다가 고려 때에 지금의 이름으로 바뀌었다.

고려 말기의 문인 윤여형尹汝衡의 시에, "산길에 가을바람 새벽의 찬 기운을 빚어내고, 서리 맞은 황엽은 말안장에 가득하네."라고 노래하였던 장수는 백두대간이 지나는 길목으로 높고도 험한 산들이 즐비하다. 남덕유산 · 백운산이 있으며, 그 가운데 함양으로 넘어가는 육십령이 있다. 고개가 높고 험해서 60명이 모여야 넘었고, 고개의 구비가 60여 개가 되었다고 해서 육십령이라고 부르는 이 고개 마루를 사이에 두고 말씨와 풍습이 달라졌다.

논개
변영로

거룩한 분노는
종교보다도 깊고
불붙은 정열은
사랑보다도 강하다
아, 강낭콩보다 더 푸른
그 물결 위에
양귀비꽃보다도 더 붉은
그 마음이 흘러라.

아리땁던 그 아미
높게 흔들리우며
그 석류 속 같은 입술
죽음을 입맞추었네.
아, 강낭콩보다 더 푸른
그 물결 위에
양귀비꽃보다도 더 붉은
그 마음 흘러라.

흐르는 강물은
길이 길이 푸르리니
그대의 꽃다운 혼
어이 아니 붉으랴.
아, 강낭콩보다도 더 푸른
그 물결 위에
양귀비꽃보다도 더 붉은
그 마음 흘러라.

강낭콩보다 푸른 절개

장수에는 '장수삼절'이라고 하여 자랑스럽게 내세우는 세 가지가 있다. 그 첫 번째가 논개의 충절이다.

장수 삼절
① 논개의 충절
② 정경손의 의기
③ 장판리 노비의 충절

의기 논개는 선조 7년 9월 3일 현재 장수군 계내면 주촌마을에서 부친 주달문과 모친 밀양 박씨의 외동딸로 태어났다. 아버지를 일찍 여읜 논개는 숙부인 주달문에게 의탁해서 살고 있다가 숙부가 부자에게 첩으로 팔려고 하자 어머니와 함께 장수 현감 최경희에게 억울함을 호소하여 재판을 받게 되었다. 무죄로 풀려났지만 의지할 곳이 없어 최경희의 후실로 들어갔다.

임진왜란이 일어나자 최경희는 진주 병사가 되어 진주성 싸움에 투입되었다. 진주성이 왜군에게 함락되자 그는 김천일과 함께 남강에 투신하여 목숨을 끊었다. 이에 논개는 스스로 기생이 되어 촉석루 잔치에서 왜장 게야무라 로구스케를 남강가의 바위로 유인, 그의 허리를 껴안고 남강에 빠져 순절하였다. 그때 그녀의 나이 스물이었다.

그후 조정에서 의암이라는 시호를 내렸고 1740년에 진주의 촉석루 곁에 논개사당인 의기사義妓祠를 세웠으며 1846년에는 장수현에 '촉석의기논개생장향수명비矗石義妓論介生長鄕竪名碑'를 세웠다.

그리고 1955년에 장수읍에도 의암사라는 논개의 사당을 세우고 친일 경력이 있는 이당 김은호가 논개 영정을 그렸다. 또한 그가 태어난 주촌마을에 생가가 복원되고 논개 동상도 세웠으나 진주와 장수가 서로 논개를 상품화하고 주도권을 잡기 위해 실랑이를 벌이는 탓에 주변 사람들의 눈살을 찌푸리게 하고 있다.

장수삼절의 두 번째 인물은 장수 향교를 지킨 향교지기 정경손이다. 임진왜란이 일어나 왜군이 쳐들어오자 현감과 관속들은 모두 줄행랑을 쳤으나 그는 도망가지 않고 혼자 향교를 지켰다. 그런 그의 의기를 가상히 여긴 왜군들은 향교에 불을 지르지 않고 돌아갔다. 그로 인해 대다수의 향교들이 모두 불탔는데도 장수 향교만은 그 형태를 보존할 수 있었다. 그의 충절을 기려서 1846년 장수향교 앞에 '정충복경손수명비'를 세웠다.

왕대마을 소나무와 정자 | 장수천 건너 왕대마을에 서 있는 소나무와 정자

'장수 삼절'의 세 번째는 천천면 장판리에 있는 노비의 충절을 기린 타루비이다. 주인이 꿩 때문에 놀란 말에서 떨어져 죽자 그 마부는 자기 손가락을 깨물어 바위에 꿩과 알 그림을 그려놓고 벼랑에서 떨어져 죽었다. 그후 그곳에 그 노비의 비석을 세우고 해마다 장수현감이 제사를 지냈다.

그 다음에 이 고장 사람들이 내세우는 인물은 장수읍 선창리에 태어난 세종대왕 때의 황희 정승일 것이다.

우리만 잘 가면 무슨 재민겨

벌써 3시. 너무 늦었다. 방송국 취재만 아니었다면 천천에 도착했을 시간이지만 우리만 잘 가면 무슨 재민겨. 다시 비가 내리자 비옷을 입고 중무장한다. 장수읍을 벗어나며 바라보니 장수천변에는 축대가 무너지는 것을 방지하기 위하여 형형색색의 포장들이 둘러 있다. 어째서 자연스레 흐르는 하천에 저렇게 반듯하게 둑을 쌓아두고 그 제방이 무너지니까 임시방편으로 포장만 쳐두는 것일까? 생각하면 안타깝기 그지없다. 왜 긁어 부스럼을 만드는가?

왕대마을에 도착하며 다리에서 잠시 쉰다. 건너편 왕대마을 정자에 드리운 늘어진 소나무는 한 폭의 그림인데 정자는 시멘트로 만들어져 어딘가 어색하다. 간간이 비가 내리고 왼쪽에 펼쳐져 있는 반월마을의 마을 숲은 평화롭다.

다시 길을 재촉하여 와룡리를 지난다. 산이 누운 용처럼 생겼다 해서 와룡리라 이름 지은 이곳의 와룡산을 따라 오르면 신광사라는 옛 절이 있는 신광리가 있다. 그 길을 곧장 따라가면 홍두깨처럼 생겼기에 홍두깨라는 이름이 붙은 홍두깻골이 나타나고 홍두깨재를 넘으면 내 고향 진안군 백운면이다.

오후 6시가 지나자 산촌은 천천히 어두워지고 쓰러진 벼를 묶고 있는 농민들의 손길만큼이나 우리의 발길도 빨라진다. 우리가 묵을 도착지는 아직도 멀고 강물은 소리를 죽이며 흐른다. 조용함도 잠시 여울져 흐르는 강가에 다다르자 강물소리가 요란해진다. 멀리 천천면 소재지에서 하나둘씩 불빛들이 살아난다. 아직도 걸어갈 길은 아득하기만 하고 내 발은 첫날인데도 불구하고 묵직하다.

운곡(구름실)교 다리 아래로 강물은 소리 없이 흐르고 강 건너 염소들은 어서 집으로 데려가달라는 듯 음메음메 울고 있다.

천천과 용암리를 거쳐 숙소에 도착한 시간은 저녁 8시 무렵이었다. 식당에서 저녁을 먹고 숙소로 돌아왔다. 다리가 몹시 아파서 정자에서 내려가기조차 어렵다. 불편한 신발 탓일까. 그러한 내 아픔을 달래주기라도 하듯 우리가 머물 숙소 이름이 만허정이다. “찬 듯 비어 있고 빈 듯 차 있다.”는 뜻을 지닌 만허정에 앉아 흐르는 강물 소리를 듣는다.

천근 만근 다리는 아프고

장계천과 장수천이 합류하는 청천다리에 서서

다리가 아프다. 아파도 나는 아프다고 말할 수 없다. 나이로 보나, 답사를 주업으로 하면서 쏘다닌 전력으로 보나 내가 아프면 안 되는데 내 다리는 앉았다 일어나는 것조차 힘들다. 그래도 샤워는 하고 양치질은 해야 하는데 아래층으로 내려가기도 힘들다.

나는 과연 내일도 모레도 우리가 정한 목적지까지 잘 걷고 이번 일요일에 그리운 나의 집으로 돌아갈 수 있을까. 걱정은 하면서도 내색하지는 못한 채, 통증으로 잠을 설친다.

내가 잠들지 못하고 밤새워 뒤척이는 것은 강물 소리 탓인가, 아니면 온몸이 두드려 맞은 듯 아픈 탓인가. 얼마나 여러 번 나는 시계를 보았던가. 12시, 1시 반, 2시 20분, 자꾸만 시계 보는 시간이 짧아지고 아침이 부옇게 밝아온 것은 6시가 가까워서였다.

둘째 날 일어나자마자 문을 열고 밖을 나선다. 뻐근했던 몸이 어젯밤보다는 훨씬 부드럽다. 아침 내내 달려왔다는 채성석 씨와 함께 다리를 건넌다. 장계천과 장수천이 합류하는 천천다리에 나가서 강물을 바라다본다. 며칠 동안 내린 비로 강물은 부옇지만 헌걸차게 흐른다. 강물이 저렇게 쏜살처럼 흐른다면 바다로 가는 것은 그리 오래 걸리지 않을 것이다.

장계천과 장수천의 합수머리 | 천천면에서 두 물머리가 합한다.

몇 년 전 금강 답사 때 서울대 지리학과 이정만 선생은 장수군의 인구가 줄어드는 것을 이야기하면서 강물이 흐르는 속도와 인구전출 속도는 비례한다고 말했었다. 그 말은 물이 하구로 모이듯이 세계적으로 큰 강의 하구에 인구가 모인다는 뜻이다.

아침식사 자리에서 전북 출신의 한병태 도의원은 지방재정이 전국에서 꼴찌로 몇째 안에 들 만큼 열악한 장수군의 재정을 이야기한다. "장수군에서 재산세로 받아들이는 재원이 9천만 원쯤 될 겁니다. 그래서 군에서는 장수사과단지를 조성한다, 논개 성역화를 추진한다고들 하지만 장수가 산이 많지 땅이 넓지는 않거든요."

그래서였을까? 어제의 여정에서 우리는 얼마나 많은 사과밭을 보았던가. 그러나 사과만 심는다고 장수의 미래가 밝아질까. 영주 사과, 거창 사과, 예산 사과…… 나라 곳곳마다 얼마나 많은 사과밭이 조성되고 있는가. 그 많은 사과밭에서 쏟아져나온 사과들이 생산비도 못 건지는 경우

소나무 | 천천1교 옆에 서 있는 가지가 늘어진 소나무.

가 허다하다. 문제는 양보다 질로 승부해야 한다. 하지만 그것이 가능할까? 내가 어제 말했던 것처럼 '육십령'을 청소년 도보순례나 테마 현장학습의 장소로 활용하는 것도 괜찮을 것이라고 이야기하지만 어떤 대책도 통하지 않는 게 오늘날 우리 나라 농촌의 현실이 아닐까? 아침부터 마음이 무겁고 다리는 더욱 무겁다.

채성석 씨의 차는 저 멀리 사라지고 고개를 넘어 광신마을을 지난다. 길가에는 노란 호박이 달덩이처럼 열려 있고, 마을 스피커에선 노랫소리가 들린다.

천천1교 다리에 접어들며 산수화 속에나 나옴직한 소나무를 만난다. 이용엽 선생의 말처럼 천연기념물로 지정해도 좋을 만큼 수려하다. 내 고향 산장 입구에 하늘거리는 코스모스가 피어 있다.

나는 콧노래를 부르며 걷고 있지만 아침보다 발목이 조금씩 묵직해진다.

옛날 우리 조상들은 길도 없는 강 길을 올라오면서 고기를 잡고 삶의 터를 잡은 뒤 땅을 갈아 농사를 짓고 살았으리라. 그래서 인류의 문명이 갠지스 강이나 유프라테스 강 또는 황하 강 유역에서 발달했듯이 우리 문화 역시 강을 중심으로 발전했을 것이다. 강은 반달을 그리며 굽이쳐 흘러간다. 우리가 걷는 아름답고 고적한 이 길이 실크로드, 즉 비단길이 아니고 무엇이겠는가. 천천교에서 10분 간 휴식을 취한다.

구름은 아직 하늘에 가득하고 건너편 논에선 트랙터를

끌고 온 농민이 쓰러진 나락을 묶고 있다. 쉬었다 일어날 때 다리의 상태를 확인할 수 있다. 다리가 아프다. 아직 한 시간밖에 걷지 않았는데, 아직도 갈 길은 먼데 어이하랴. 강물은 쉼 없이 흘러간다.

마을 앞에 두 개의 큰 바위가 있어서 쌍암마을이라고 이름 지은 이 마을 앞에는 몇 년 전까지만 해도 고색창연한 정자 한 채가 강을 굽어보고 서 있었다.

그러나 조금씩 조금씩 무너져내리던 그 정자가 어느 날 사라져버리고 말았다.

연평리에서 물위를 걷는 여인 | 연평리에서 물막이 보를 건너오는 여인.

사라져버린 정자

구상리에서 길은 두 갈래로 나뉜다. 619번 도로를 따라 오봉재를 넘어가면 진안군 동향면에 닿을 것이고 강을 따라가면 장수군 천천면 연평리에 닿을 것이다.

전설 속에서 아홉 정승이 났다 하여 구상리라 부르는 이곳에서 계북천이 금강의 본류 속에 합류한다. 백로 한 마리가 유유히 날아오르고 그늘을 드리운 몇 그루의 미루나무가 있는 강변의 풍경은 한 폭의 그림이다. 노란 달맞이꽃 한 송이를 따서 걷는 사이 연평리 평지마을에 닿았다.

마을 숲이 우거진 정자에서 바라본 강은 평화롭다. 물막이 보 너머로 물은 세차게 흐르는데 웬걸, 건너편 산기슭에서 머리에 대소쿠리를 인 아낙네가 강을 건너오는 것이 아닌가.

필경 저 건너 고추밭에서 빨간 고추를 따가지고 오는 길

평지마을 바위 이름의 유래

평지마을엔 아름다운 옛 이름들로 지은 바위들이 많다. 평지 남쪽 물가에 있는 바위는 뒤에 긴 꼬리가 달린 것 같다고 해서 꼬랭이바위란 이름이 붙어 있고 그 위에 붙어 있는 바위는 바위들이 위아래로 붙어서 입을 맞추는 것 같다고 해서 입맞춘 바위다. 또한 물이 불어 바위가 물에 잠겨 못 건너가고 물 위로 보이면 안심하고 건너가므로 물 건너는 종을 잡는다는 의미의 종석바위가 있다. 평지 북쪽 산 중턱에는 탕건같이 생겼다는 탕건바위가 있고, 평지 동쪽에는 벼랑 사이가 떴으므로 허공다리를 놓고 건너다녔다 하는 해궁벼루가 있다.

연평분교 부근의 금강 | 금강의 상류인 연평분교 부근에서 금강이 세차게 흐르고 있다.

연파정 | 연평분교 뒤 등성이에 자리 잡은 정자 연파정.

이리라. 하지만 저렇게 세차게 흐르는 물살을 이겨내고 무사히 건너올 수 있을까. 우리의 손바닥엔 너나 없이 땀이 고이는데 한 발 한 발 내딛는 그 아낙네의 발걸음은 평지를 걷는 듯 평화로워 보이기까지 한다. 아마도 오랜 세월 고된 삶 속에서 터득한 경험이 저 강을 건너가게 했고 다시 건너오게 한 것이리라.

발길은 골짜기에 연화도수형의 명혈이 있다고 해서 이를 붙여진 연화마을에 잠시 머문다. 이곳 연평분교 사택에서 역사학자 이이화 선생님이 『한국사 이야기』를 쓰고 계셨었다. 삼월 삼짇날에는 찹쌀가루를 빻아가지고 가서 삼짇날 화전놀이를 즐겼고 어느 땐 진안읍에서 물고기 몇 마리를 사가지고 가서 천렵놀이를 즐기기도 했었는데 지금은 이이화 선생도 구리 아차마을로 가시고 학교는 텅 비어 있다.

학교 뒤편 언덕에 있는 연파정에 오른다. 이이화 선생님을 찾아올 때마다 올라갔던 그 길에는 며느리밥풀꽃들이 무리지어 피어 있다. 이곳에 올라 한숨 늘어지게 자고 가기도 했었는데 지금 정자 마루에는 천장 위에서 떨어진 흙더미만 쌓여 있고 천장에는 연노란색 버섯마저 피었다.

길가에 퍼져 앉아 지도를 다시 보고 신기마을로 향한다. 연파정 북쪽에 새로 생긴 마을이라고 해서 새터 혹은 신기라고 부르는 신기마을에는 갱정유도회를 믿어 청학동에서 살다가 온 김대중 씨가 살고 있다. 가막교를 지나 박재를 넘으면 진안읍 오천리에 이른다. 우리는 이이화 선생님이 이곳에 머물 때부터 서로 도움을 주고받았던 김진태 씨 댁에 들른다. 오늘 이곳에 11시쯤 도착하면 커피를 타놓고 기다리겠다던 김진태 씨가 보이지 않으니 커피를 얻어 마시기는 그른 듯싶다.

몇 잔이라도 나누어 먹고 출발하자는 사람들의 성화에 못 이겨 주인도 없는 부엌에서 서성이고 있는데, 김진태 씨가 경운기를 몰고 온다. 고추를 담은 비료포대와 참깨다발이 가득하다.

천반산이 지척이고 물만 불지 않았다면 죽도까지 금세인데 갈 길이 막막하다. 어떻게 한다? 신기에서 가막리 아래쪽 골짜기까지만 걷고 차로 돌아가기로 하고, 가막리까지 걸어갔다 나오며 천반산 자락을 건너다본다.

산 위가 소반과 같이 납작하다 하여 이름 붙은 천반산 아래에서 남쪽 장수에서 흘러내려온 장계천과 동쪽 무주 덕유산에서 시작되는 구량천이, 팔자 형으로 굽이쳐 흐르는 중간 지점에서 몸을 합하여 금강으로 태어난다. 이 지역 사람들이 어두운 곳을 이야기할 때 흔히 "구량천같이 어둡다." 하는데 절벽이 높고 깊은 구량천과 장수천이 만나는 그 합수머리는 인간의 욕심으로 인해 딴 데로 돌려지고 말았다.

가막리 부근의 금강 | 푸른 강물에 드리운 산 그림자가 일품일 뿐만 아니라 물고기도 많다.

천반산 | 정여립의 자취가 남아 있는 천반산 아래를 동향천이 흐른다.

천반산에는 명당이 있다

천반산 기슭에 살고 있는 사람들의 말에 의하면, 천반天盤 · 지반地盤 · 인반人盤의 명당자리가 있는데, 이 산은 천반

천반산의 송판서 굴

천반산에서 바위 사이로 30미터쯤 비탈진 길을 내려가면 천반산의 명물 송판서 굴이 있다. 바위굴 2개가 15미터쯤의 거리를 두고 서북쪽을 향하여 쌍굴을 형성하고 있다. 이 굴은 자연적으로 만들어진 굴로서, 큰 굴의 길이가 7미터쯤 되며, 10여 명의 사람들이 앉아 쉴 만한 넓이다. 이 굴의 중간쯤의 바위 틈에는 아무리 가물어도 끊이지 않는 약수라고 전해지는 물길이 흐른다.

에 해당하는 명당이 있다 하여 천반산이라고 이름을 지었다고 한다. 김진태 씨가 이곳에 이사를 왔던 10여 년 전만 해도 5천여 평은 될 듯싶은 평지가 펼쳐진 이 산 정상에 세 가구의 사람들이 살았다고 한다. 그러나 지금은 잡목만 무성하고 돌보는 사람도 없다.

천반산에 정여립 장군이 서 있고 부귀산에는 관군이 서 있어 서로 싸웠다는 이야기와 함께, 송판서 굴에서 정여립이 최후를 맞이했다는 말이 전해져온다. 또한 약 15미터쯤 되는 이 바위와 20미터 거리로 마주보고 있는 뜀바위를 초인적인 능력을 가진 정여립 장군이 훌쩍훌쩍 뛰어다녔다는 이야기도 전해지고 있다.

진안군 통계연보에 따르면 28년 전 이 천반산 아래 죽도 근처에서 정여립과 그의 일파가 쓰던 것으로 보이는 솥과 화살촉이 발견되었다가 자취를 감추었다는 기록이 있다. 지름이 6미터쯤 되는 거대한 돌솥이었는데, 솥이 어찌나 크던지 솥전 난간으로 젊은 장정들이 뛰어다녔다고 하며, 화살촉 한 개로 낫을 다섯 개나 만들고도 남았다고 한다. 그러나 그때 발굴된 돌솥은 어쩌다가 물 속으로 다시 잠겨버리고 말았고, 당시 돌솥을 실제로 보았다는 노인들은 언젠가 그 돌솥이 다시 나타날 것이라고 믿고 있다고 한다.

그러나 정여립이 서울에서 낙향하여 전주 지역에서 활동한 시절이 불과 몇 년밖에 되지 않은 것으로 보아 이 죽도에 건물을 지어놓고 훈련하면서 그 무기를 썼다는 것은 가능한 이야기가 아니다. 그것은 불운했던 혁명가 정여립에 대해 품었던 이 지역 사람들의 애틋한 마음이 만들어낸 신화였을 것으로 추측된다. 그렇지만 프랑스에서 전해오는 "전설은 역사보다 좀 더 오래된 진리이다."라는 말을 받아들인다면 그렇게 허황된 이야기만은 아니리라.

늦은 점심을 먹는다. 지역의 특성에 맞게 이곳 밥상에는 표고버섯이 많이 올라왔다. 잠시 쉬는 사이 다리가 조금 풀린다. 다시 떠날 시간이다. 안성 칠선계곡에서 흘러온 구량천을 따라 죽도까지 이르는 길은 제법 강처럼 늠름하게 흐르고 대들, 범바위, 섭계를 지나 차는 죽도에 이른다.

대나무가 많아서 이름조차 대섬인 죽도는 조선 선조 때 전주 사람 정여립과 기축옥사의 피맺힌 사연이 규명되지 못한 채 잠들어 있다.

죽도 | 조선의 혁명가 정여립이 의문사한 죽도와 죽도 폭포.

정여립과 기축옥사

1570년 문과에 급제한 정여립은 율곡 이이와 우계 성혼의 문하에 출입하면서 능력을 인정받기 시작했다. 그는 대과 급제 13년 만에 율곡의 천거로 예조좌랑에 올랐으며, 그 이듬해 홍문관수찬으로 발탁되었다. 그러나 정여립은 이이가 죽은 뒤 곧바로 동인인 이발과 친밀하게 지내면서 이이와 성혼·박순을 공개적으로 비방하기 시작했다. 정여립의 돌연한 변신에 서인이었던 의주 목사 서익이 상소를 올려서 정여립의 배신을 공격했다. 이이가 살아 있을 때는 뜨락에 있는 감을 가리키면서 "공자가 다 익은 감이라면 율곡은 반쯤 익은 감이다. 이 반쯤 익은 것이 다 익지 않을 수 있겠는가. 율곡은 진실로 성인이다."라고 말했던 정여립이 돌아선 이유는 율곡 이이가 겉과 달리 속으로는 정여립의 과격성을 견제했기 때문으로 알려져 있다. 한편으로는 이이의 말처럼 동인이 주도권을 잡자 정여립이 시류에 편승했다는 설도 있지만, 현실주의자였던 이이와는 달리, 정여립은 이황과 같은 이상주의자였기 때문이었다는 설도

조선 왕조 최초의 의문사

대부분의 역사책에는 정여립에 대하여 이렇게 적혀 있다. "정여립鄭汝立(?~1589) 조선 중기의 모반자. 자는 인백仁伯이고, 본관은 동래東來로 전주 출신이다. 경사經史와 제자백가에 통달했으나 성격이 포악 잔인했다." 그러나 『연려실기술』에는 "널리 배우고 들은 것이 많아서 성현의 글을 읽지 않은 것이 없고 이이와 성혼의 문하에 출입하였다."고 실려 있고, 서인측도 "넓게 보고 잘 기억하여 경전을 관찰하였으며 논의는 격렬하여 거센 바람이 이는 듯하였다."라고 평가했다.

기축옥사와 그후의 사건을 지켜본 유성룡은 『운암잡

있다. 정여립은 이이가 살아 있을 때 이미 이이와 절교했다고 맞받아쳤고, 이때 이이의 조카인 이경진이 이이가 죽기 직전 정여립이 이이에게 보낸 편지를 선조에게 올렸다.
그 편지에는 정여립이 동인을 극렬하게 비난하는 내용이 적혀 있었다. 선조는 정여립에게 '오늘의 형서邢恕'라고 말했다. 형서는 송나라 때 사람으로, 원래 정이천의 제자였으나 사마광의 문객이 되었고, 다시 사마광을 배반하면서 파벌을 전전하다가 나중에는 채경蔡京의 심복이 된 간사한 사람의 표본이었다. 정여립은 두 눈을 부릅떠 선조를 노려보고 벼슬을 하직한 뒤 고향으로 돌아왔다.
고향에 돌아온 정여립은 금구 · 원평 일대를 중심으로 대동계를 조직했다. 그 후 정여립은 정해왜변 때 남해 손죽도에 쳐들어온 왜구들을 무찌르고 황해도 구월산 일대의 사람들까지 모아 무술연마에 힘썼는데, 그 수가 600여 명을 넘어섰다. 그런데 1589년 10월 조정에는 안악군수 박충간, 신천군수 한응인의 연명으로 황해감사 한준의 비밀 장계狀啓가 올라왔다. 정여립의 역모를 알리는 내용이었다. 선전관과 금부도사가 전라도와 황해도에 급파되었고 정여립은 진안의 죽도로 도피했다. 진안 현감 민인백에 의하면 정여립은 진안 죽도에서 부하인 변숭복을 죽인 후 자결했고, 이로써 기축옥사가 시작되었다.

록』에서 이렇게 적었다.

3년이 채 못 되어 연루되어 죽은 자가 거의 1천 명에 이르렀다. 정여립과 변사의 시체를 싣고 와 백관이 늘어선 곳에서 머리를 자르고 그 머리를 철볼교 밑에 내다걸었다. 그의 처자를 주륙하고 그의 아버지, 할아버지 묘를 파냈다. 그의 집을 더러운 연못으로 만들었으며 그가 살던 금구군을 전주에 소속시켰다. 10년에 걸쳐 사람과 소의 역질이 이어지고 5~6년에 걸쳐 태백성이 대낮에 하늘에 나타나고 흰 무지개가 수도 없이 해를 꿰었으며 도성에 검은 기운이 자주 도는 따위의 변고가 이어졌다. 얼마 지나지 않아 큰 옥사가 일어났고 거의 마무리되자 임진왜란의 화가 닥쳐 도성이 뒤집어졌다.

조선 최초의 의문사라고 일컬어지는 정여립 사건이 아니었더라면 3년 뒤에 임진왜란은 일어나지 않았을 것이라는 누군가의 말을 되새기며 나는 구량천과 장수천이 만나 금강으로 태어나는 죽도에서 흐르는 금강 물을 바라다본다.

저 멀리 보이는 폭포는 원래는 병풍바위라고 불리던 것을 1970년대 개간 붐이 한창이던 시절 가막리로 돌아가는 물길을 폭파해 경작지를 만들면서 생긴 것이다. 보상도 끝나고 용담댐이 담수되었으니 지금이라도 예전의 그 물길을 되돌려야 할 것이다. 그리하여 죽도에 자리 잡은 물도

리동을 역사와 문화 그리고 지리교육의 산 현장으로 활용해야 할 것이다.

이곳 금강의 물줄기는 지리적으로 볼 때 전형적인 감입곡류嵌入曲流로 영월의 동강이나 서강처럼 아름답기 이를데 없지만 용암댐이 들어서면서 또 다른 아름다움을 보여주고 있다.

어름치와 수달은 어디로 갔을까

한때 도난 당했다가 되찾아온 용바위 근처에서 우리는 김소월의 시 한 편을 노래로 부른다.

"엄마야 누나야 강변 살자 / 뜰에는 반짝이는 금 모랫빛 / 뒷문밖에는 갈잎의 노래 / 엄마야 누나야 강변 살자."

30여 년 전만 해도 천연기념물로 지정된 어름치뿐 아니라 수달까지 살았다는데 지금은 흔적조차 찾을 수 없으니, 우리는 추억 속에서만 강변에 살아야 할 것인가.

강물 소리에 취해서 발길을 옮기자 어느새 수동마을은 사라지고 이설도로가 나타난다. 이용엽 선생의 말에 의하면 이설도로가 45.6킬로미터에 이르기 때문에 진안군에서는 종주 마라톤 코스(42.195킬로미터)로 활용할 계획이라고 한다.

수몰선 위로는 그림 같은 집들이 지어져 있다. 수몰된 후에도 이곳을 지키고 살겠다는 사람들이 보상비로 지은 집들이라고 한다. 이 외송마을에선 아래로 난 고갯길이 오룡리에서 진안에 이르는 지름길이었다고 한다.

옛 기록에 나타난 진안군

산이 높고 궁벽한 산골이라 "정승의 사돈에 팔촌 하나 없다."고 전해올 만큼 큰 벼슬에 올랐던 사람이 드물었던 진안군의 백제 때 이름은 난진아현難珍阿縣으로 일명 월량月良이라고 불렸으며, 신라 때에 지금의 이름으로 바뀌었다. 고려 때의 문장가 이규보는 진안에 대해 "마령과 진안 · 산곡 사이의 고을이다. 백성은 소박하고 얼굴은 큰 원숭이 같고 음식은 날것을 먹는 야만인의 풍습이 있다. 꾸짖고 나무라면 모양이 놀란 사슴 같아 달아나 버린다."라고 기록하였다. 세종 때의 학자 김종직金宗直은 진안군의 마이산에 대해 "기이한 봉우리가 하늘 밖에서 떨어지니, 쌍으로 쭈빗한 것이 말의 귀와 같고나. 높이는 몇 천 길인지 연기와 안개 속에 우뚝하도다. 우연히 임금의 행차하심을 입어 아름다운 이름이 만년에 전하네."라고 노래하였다.

"저그가 갈현리 큰골마을이고 우에가 회사동 마을이거든. 그 앞에 오룡보가 있어." 이용엽 선생은 아무래도 정여립이 의문사한 곳이 그 오룡보 근처가 아니겠느냐며 중요한 단서를 잡은 듯 흥분을 감추지 못한다. 당시 진안 현감 민인백의 『태천집』에서는 오룡리가 부귀면으로 나와 죽도와 연관성을 찾을 수가 없는데, 만약 그 오룡리가 죽도와 인접한 이곳이 맞다면 정여립이 의문사한 곳이라고 추론할 수 있기 때문이다. 며칠 새 그곳을 한번 가본다면 실마리가 풀리지 않을까?

국회의원을 지낸 황인성이 놓았다고 해서 '황인성이다리'라고 불리는 외송교에서 마이산에서부터 발원한 진안천과 금강이 만난다. 이곳에서 진안鎭安이 그다지 멀지 않다.

마이산 | 진안 사람들이 내외간이라고 믿고 있는 마이산의 암마이봉과 숫마이봉.

진안천의 발원지 마이산

진안의 마이산馬耳山은 봉우리 두 개가 말의 귀처럼 쫑긋 솟아 있기 때문에 그런 이름이 붙었다. 백제 때에는 사다산이라고 불렸고 고려 때에는 용출산이라고 불렸으며 조선시대 초기에는 속금산으로 불리다가 정종 때부터 마이산이라고 불리게 되었다고 한다.

진안 사람들은 봉우리 두 개가 내외간이라고 믿고 있어서 높이가 667미터인 동쪽 봉우리를 숫마이산 또는 숫봉우리라고 부르며 높이가 673미터인 서쪽 봉우리를 암마이산 또는 암봉우리라고 부른다.

숫봉우리에는 바위가 두 갈래로 갈라져 있는데 그 틈바

월포 부근의 용담댐 | 금강의 상류를 막아 용담댐을 만들었다. 포구는 간데없고 물만 넘실거린다.

구니에서 약수가 솟아나오고 그 약수터를 화암굴이라고 부른다. 이 물을 마시면 아들을 낳는다는 속설이 있어 인근의 아낙네들이 자주 찾는다.

암마이봉 아래에는 돌로 쌓은 탑 100여 개가 서 있다. 마이탑사라고 부르는 이 탑들은 임실군 둔남면에서 1860년에 태어난 이갑용이라는 사람이 스물다섯 살 때부터 쌓기 시작해, 아흔여덟 살로 죽기 전까지 중생을 구원하고 인류의 평화를 바라는 마음에서 쌓았다고 알려져 있다. 그러나 요즘에는 혼자 힘으로는 불가능하고 아주 오래 전부터 쌓아온 것이라며 여러 다른 설들이 나오고 있다.

화순 운주사의 천불천탑 설화와 같은 의미로 회자되고 있는 것이다. 기록이 없다 보니 허구가 사실로 둔갑되는 경우나 사실이 허구로 굳어져버린 경우가 얼마나 많은가.

사람들이 가장 많이 기억하는 마이산에서부터 발원하여 진안읍을 거치는 한 줄기의 물길은 금강이 되고 마령으로 흐르는 한 줄기는 섬진강이 된다. 금강과 진안천이 합류하는 외송교 근처에는 시간이 가는 것을 아쉬워하듯 골재 채취업자들이 밤낮없이 모래를 채취하고 있다. 이곳에서부터 강은 더없이 넓어지고 다리 아래엔 여인네 셋이 자리를 깔고 파안대소하고 앉아 있다.

날이 자꾸 어두워지니 포장도로를 따라 걷기로 한다. 몇 년 전만 해도 이곳의 논밭에는 꽃밭이 조성되어 있었다. 용담댐 건설로 떠날 수밖에 없던 수몰민들이 이 산간벽지의 논과 밭에 보상금을 한 푼이라도 더 타내기 위하여 국화, 카네이션, 안개꽃 들을 심었던 것이다. 그 화려했던 국화꽃밭에서 우리는 늦가을의 이색적인 정취를 맛보기도 했고 아내는 베개에 넣겠다고 국화꽃을 욕심껏 따기도 했었다. 그러나 지금 옛날 상전 초등학교 자리의 울창하던 나무도 사라지고 한때 수많은 아이들이 꿈을 키우며 배움을 익히던 학교도, 집들도 흔적조차 없다. 게다가 삼호 이용원, 삼오식당, 상전우체국이라는 간판을 달고 있던 상가도 사라지고 없다.

지난해까지 남아 있던 슈퍼마켓마저 사라져 자판기 커

피 한잔 뽑아먹지 못하고 길을 재촉한다. 어느덧 마을 숲에도 가을이 물들어간다.

"이 들판이 넓고 땅이 좋아서 태일 뜰이여."라고 말하는 이용엽 선생의 말은 그저 허망하기만 할 뿐이고, 들판에 심어진 콩이며 옥수수가 무성한 잡초 속에 가냘프기 이를 데 없다. 날은 점점 어두워가고 그래도 쉬어가야지 하고 배낭을 내려놓는데 자동차 한 대가 우리 앞에 와서 멎는다. 죽도에서 만났던 이산묘에 계시는 송동열 선생이 음료수 한 박스를 사가지고 온 것이 아닌가. 이렇게 고마울 데가…….

강은 산 그림자를 드리우며 사위어가고 어디를 향해 가는지 모를 자동차들은 우리를 위협하며 쏜살처럼 달려가고 있다.

월포대교를 지난다. 월포교 자리에 1997년 동계유니버시아드 대회를 앞두고 만들었던 월포대교는 용담댐 건설과 함께 새로 놓였다. 월포교는 한국전쟁 때 유일하게 폭격을 맞은 다리라고 한다. 대전에서 이쪽으로 후퇴하면서 폭파시켰다는 월포교는 지금도 강 가운데쯤에 잔해만 남아 있다. 대구평마을을 지나며 날은 더욱 어두워지고 어제보다 오늘은 더 늦을지도 모르겠다.

금강변에도 반딧불이가

고갯마루를 넘어서자 세동마을의 불빛이 보인다. 불빛을 따라 걸어가며 나는 내 눈을 의심한다. 반딧불이가 날아간 것이 아닌가. 아니, 잘못 보았을 거야. 지금은 반딧불이가 날아다니는 때도 아니고 무주 쪽에만 있는 반딧불이가 여기도 있을까? 그러나 나는 몇 걸음을 옮기면서 몇 마리의 반딧불이들이 군무를 펼치는 것처럼 날아가는 것을 보았다. 김재승 회장도 발견하고서 "여기도 반딧불이가 있네요." 하자, 그 말을 받아 이용엽 선생은 "진안만 해도 청정지역이라 반딧불이가 많아요." 한다.

문을 열고 들어서자 안재기 씨 내외가 걸어오느라 고생 많으셨다며 마당까지 마중을 나왔다. 마당에는 모깃불이 피어오르고 있었다.

오랜만에 고향집에 온 것처럼 맛있는 저녁밥을 먹고 새참으로 내온 찰옥수수를 먹으며 안재기 씨의 얘기에 귀를 기울인다.

"떠난다고 생각하니까 섭섭했지요. 미리 보상금 받아가지고 나갔던 사람 중에 다 써버리고 다시 들어온 사람도 많아요. 우리 집은 사, 오 억 받았어요. 겨우 아들들 집 한 채씩 사주고 좌우지간 죽을 때까지는 자식들한테 손 안 벌리고 살려고 1억 정도 남겨놓았는디 그것도 곶감 빼먹듯이 빼먹다 보니까 자꾸 줄어드네요. 여그 떠난 사람 열 사람이면 한두 사람이나 살 만하고 나머지는 힘들게 살 수밖에 없어요. 작물보상(국화) 받은 사람들은 그런대로 받았지만 1차 보상 받은 사람들은 일, 이 억을 받아 나갔는데 진안이나 전주로 가지 않고 대부분 대전으로 갔어요. 2차도 마찬가지예요. 돈 많이 받아가지고 가서 돈같이 쓰지 못한 사람들 많이 있어요. 그러다 보니 인심만 야박해져 가지고 형제끼리 의가 상해 갈라선 사람들도 있어요. 객지 나가면서 땅 놓고 갔다가 보상 받을 때 서로 나누다 보니 의견도 안 맞고…… 돈이 원수라니까요. 이 집만 해도 그래요. 이사만 갔다면 금방 포크레인이 와서 덜컥 집을 허물어버리니 비울 수도 없고, 올해만 짓고 나가려고 해요."

안재기 씨의 말을 듣다 보니 가슴이 답답하다. 그래서 나는 하룻밤 신세를 지고 있으면서도 한마디 묻는다.

"선생님, 제가 생각하기에는 보상을 더 많이 받는 것은 개인을 위해서는 좋을지 모르지만 국민이나 국가를 위해서는 정당한 보상금을 받아야 옳은 것이 아닐까 싶습니다. 그리고 보상을 받았다면 집을 비우고 나가서 농사도 안 짓는 것이 원칙이 아닐까요?"

나의 조심스러운 말에 안재기 씨 역시 동의한다.

"그렇지요. 그래야 허는디 넘들이 들어와서 농사를 지으니까 이사 가서 마땅히 할일도 없고 해서 올해도 지었구먼요."

정부의 원칙 없는 행정도 문제지만 개인의 이익이나 집단의 이익에만 집착하는 것도 문제가 아닐까.

길 없는 길 위에 잡초만 무성하고

코큰이마을의 유래

코큰이마을이라는 이름은 한국전쟁 당시 미군 장교 딘 소장이 북한군에게 포로로 잡힌 데서 유래했다. 영동전투에서 크게 패한 딘 소장이 구룡리로 도망쳐 왔고, 그는 이곳에서 만난 마을 사람들에게 "나를 대구까지 피난시켜주면 당신의 소원이 이루어지도록 도와주겠다."고 했다. 그러나 마을 사람들은 딘 소장을 고발해버리고 말았다. 그 이후 이 마을은 딘 소장이 잡힌 마을이라 하여 '코큰이마을'이라고 불리게 되었으며, 딘 소장은 그 뒤 1974년에 이곳을 다녀갔다고 한다.

코큰이마을에 비가 내린다

대체로 새벽부터 내린 비는 그치지 않고 하루 종일 내리는 경우가 많다. 아침밥을 먹을 때부터 비는 더욱 드세게 내린다. 오늘은 일요일이다. 전주에서 아내와 우리 아이들도 오고, 장교완 선생이 전주여고 교지 편집위원 학생들을 데리고 온다고 했는데 걱정이다. 하지만 걱정한다고 비가 그칠까. 비가 내리면 내리는 대로 가야 하리라.

궂은비가 하염없이 구룡리에 내리고 강물은 붉은 흙탕물이 되어 강폭 가득히 흐른다. 이곳 구룡리에서 안천으로 넘어가는 고개가 호랑이코와 비슷하게 생겨 호랑이코재라 불렸지만, 한국전쟁 이후 코큰이재로 더 많이 불리고 있다.

새 집들이 들어선 강 건너 마을이 평온마을이고 그 뒤편 마을이 새벼리마을이다. 운암마을에서 우산을 들고 있는 전주 사람들과 만난다. 우리 아이들은 걱정스러운지 차에서 나오지 않았지만, 전주여고 학생들은 용감하게 합류하겠다고 한다. 비가 내리는 탓에 산을 가로지른다.

이포나루 | 용담댐이 수몰되기 전의 모습.

산을 넘자 오리목마을이다. 뒤에 있는 고개가 오리목처럼 생겼다고 해서 이름 붙여진 오리목마을은 흔적도 없이 사라졌다. 용담댐 수몰 현장을 화폭에 담았던 김학곤 화백의 고향이 이곳이라는데 정천면 태생인 이용엽 선생은 빗속에서도 씁쓸한지 "허참", "허참"만 되뇌고 있다.

그런 마음을 헤아리기라도 하는지 이 지역 사람들이 운암강이라고 부르는 금강마저도 우울한 듯 탁하게 흐르고 있다. 정천면 모정리 방덕마을에서는 선사시대 주거지가 발견되었고, 호남문화재연구소에서 발굴했다고 한다.

다리를 건너고 산길을 돌아가자 여의실마을이다. 정천면 모정리 여의실마을에서 정자천이 금강에 합류한다. 정자천은 진안군 부귀면 궁항리 연석산 골짜기에서 발원하여 오룡리에서 여러 골짜기의 물을 합한 뒤 거석리를 지나 수항리 들목에 이른다. 황금리에서 물을 합하여 두낙리를 거친 뒤, 정천면 원평리를 거쳐 모정리 진그늘에서 동북쪽으로 흘러 여의실 앞에서 금강으로 들어간다.

여의실마을도 역시 집 몇 채만 남아 있다. 일행은 빗속에서도 잠시 쉬며 새참을 먹는다. 강 건너 이포마을을 잇는 나루가 이포나루다. 다리가 없던 시절에는 나룻배로 저 강을 건넜으리라.

그래서 이포 서쪽에서 모정리 들곡으로 흐르는 내를 전에 배가 드나들었다고 해서 배나들이라 부르고 강화리 역시 강이 휘감아돌아 흘러 곶을 이루었기 때문에 강화리라고 했다고 한다. 이포나루를 지나며 강은 더 넓어지고 오랫동안 비가 내린 탓인지 강가에는 호수 아닌 호수가 만들어져 있다. 그 호수에 몇십 명의 사람들이 낚싯대를 드리우고 있다. 저 건너가 재궁사라는 절이 있었다고 전해지는 재궁마을이다.

차를 가지고 온 일행과 12시 무렵 새로 만들어진 호암대교에서 만나자고 약속한 뒤 우리는 강을 돌아간다.

지도상으로 보면 두어 시간이면 가지 않을까 싶다. 일행에게 자신 있느냐 묻자 자신 있다고 대답한다. 4명 중 한 사람만 차를 타고 가겠다고 나서고 나머지 7명이 아름다운 강 길을 따라 산보하듯 걸어간다. 이미 젖은 신발은 웅덩이를 만나면 더욱 반갑다. 성남마을을 돌아가면 우리가 기다리는 호암대교가 나타날 것이다. 적당히 배가 고플 무렵에 먹는 점심은 얼마나 맛있을까.

그러나 강을 돌아가며 만만한 길이 아님을 깨닫는다. 길은 사뭇 진흙탕이고 기다리던 성남마을은 풀숲에 가려 흔적조차 없다. 자갈 하나 없는 뻘밭은 오랜만에 만난 사람이 그리워선지 쩍쩍 들러붙어 발걸음을 옮기기조차 힘들다.

인적이 끊긴 길은 사라지고 만다

거기서부터 악전고투의 길이다. 길이 끊어진 것이다. 분명히 용담면 월계리에 성남이라는 마을이 있었고 마을 뒤편 황산에는 임진왜란 때 쌓은 성터도 있다는데 길이 사라진 것이다. 불과 몇 년 사이에 길은 없어지고 마을 전체에 며느리밑씻개, 복분자 넝쿨, 칡 넝쿨이 얼크러져 있으니 허우적거리며 걷는 우리는 걱정만 태산이다. 우리끼리만 걷는다면 무슨 걱정이랴. 아침도 먹지 않고 와서 배고프다고 보채는 저 학생들이 안쓰럽다. 이 산 모퉁이만 돌아가면 큰 길이 있을 것이라 소망하며 비탈진 산길을 나무를 붙잡고 돌아간다. 여자아이들은 급경사 비탈진 길 초입부터 겁을 먹는다.

그럴 법도 하다. 바로 아래에는 시퍼런 금강 물이 입을 쩍 벌린 공룡처럼 흐르건만 잡히는 건 가시나무이고 빠지는 건 다리 힘이다.

그래도 돌아갈 수밖에 없다. 박남진 학생의 손을 잡고 조금만 힘을 내자 외쳐본다. 그러나 조금으로 이 길이 끝날 것 같지는 않다. 겨우 올라선 길에 말끔히 벌초된 누군가의 무덤이 있다. 그렇다면 길은 있을 것이다. 그러나 아무리 찾아보아도 마땅치 않다. 외계인이 와서 벌초를 하지는 않았을 것 아닌가. 이용엽 선생의 길 안내로 옆으로 돌아가지만 옛길은 잡목과 잡초가 우거질 대로 우거져 있다.

그렇다. 길이란 사람이 다닐 때만 나 있을 뿐이지 사람의 기척이 사라지고 나면 길도 역시 사라지고 마는 것이다. 골짜기를 내려가는 것 자체가 허공을 떠다니는 것과 다름없다. 복분자 넝쿨, 칡 넝쿨이 우거져 있어 그 줄기 중심을 잡고 한 발 한 발 옮겨놓는데 "어머" 하고 형인이가 자지러질 듯 놀라는 바람에 나도 덩달아 가슴이 덜컥 내려앉는다. 가만히 보니 내가 밟고 지나온 길에 제법 큰 독사가 혀를 낼름거리며 지나가고 있지 않은가. 나는 형인이에게 가만히 있으라고 말하고 독사가 저만치 지나간 뒤에야 발길을 옮긴다.

그 사이 길을 찾겠다고 다른 길로 갔던 김재승 회장의 목소리가 들린다. 길이 마땅치 않단다. 가파른 산길을 다시 오르고 그 산에서 다시 돌아가기로 한다.

길 아닌 길들을 겨우 헤집고 몇 시간 전에 걸어갔던 그 길을 돌아나갔을 때는 3시가 넘어서였다. 금강 기행 중 가장 난코스에 속할 오늘의 이 구간은 사람이 사는 곳과 사람이 사라진 곳이 얼마나 차이가 나는가를 제대로 보여주었고 무모한 답사가 어떠한 결과를 낳는지를 여실히 깨닫게 해주었다.

길만 제대로 나 있었더라면 해질녘까지 환상의 강 길을 걸을 수 있었을 텐데……. 길은 사라지고 강물이 부는 바람에 중도에 그만두었던 이 코스를 9월 8일 이른 아침부터 걷기로 했다.

복원되어야 할 백두대간

주자천의 발원지 운장산을 떠올린다. 운장산은 우리 땅 산줄기로 보면 금남정맥에 속한다. 백두산에서부터 뻗어 내려온 백두대간이 육십령을 넘어 영취산에서 호남 금남정맥으로 접어들고 신무산, 팔공산, 성수산을 지난 산길이 모래재가 있는 주화산에서 호남정맥과 금남정맥으로 나뉘는 것이다. 운장산, 대둔산, 계룡산을 거쳐 칠갑산, 부소산의 조룡대로 이어지는 금남정맥과 칠현산에서 가야산, 백화산을 지나 안흥진으로 이어지는 금북정맥 가운데에 금강이 흐르는 것이다.

전통지리학 백두대간이 우리가 교과서에서 지금까지 배워온 것과 같은 산맥 개념으로 바뀐 것은 일본의 지리학자인 고토 분지로에 의해서였다.

고토 분지로는 일본이 조선 침략정책의 일환으로 1900년과 1902년, 두 차례에 걸쳐 총 14개월 동안 실시한 광물탐사사업의 학술책임자 자격으로 우리 나라의 지질을 조사했다. 그 조사를 토대로 1903년「조선 남부의 지세」,「조선 북부의 지세」를 발표했고, 두 논문을 종합하여 체계화한「조선의 산악론」및「지질구조도」를 동경제국대학 논문집에 발표했다.

그 뒤 1908년에는 당시의 지리교과서였던『고등소학대한지지』에 '신식' 지질 개념이 전래의 산줄기 인식을 대신한다는 선언이 등장한다.

"우리 나라의 산지는 종래 그 구조의 검사가 정확치 못

『산경표』와 백두대간

우리 옛 선인들은 산과 강을 하나의 유기적인 자연구조로 보고 그 사이에 얽힌 원리를 찾는 데 지리학의 근간을 두었다. 풍수지리학의 원조로 알려진 도선의『옥룡기』에 "우리 나라가 백두에서 시작하여 지리에서 마쳤으니, 그 형세가 물을 뿌리로 하고 나무를 줄기로 한 땅인지라……"라고 시작되는데 우리 고유의 지리학을 1대간, 1정간과 13정맥으로 분류한 사람은 전북 순창 사람인 여암 신경준으로 추정하고 있다. 1769년 신경준이 쓴『산경표』에 의하면 하나의 대간인 백두대간과 하나의 정간인 장백정간, 그리고 열세 개의 정맥이 큰 강의 유역을 이루고, 그로부터 가지를 친 지맥들이 내와 골을 이루어 삶의 지경을 마련하고 있다. 이를 분류하면 백두산에서 지리산까지 우리 나라 등뼈를 이루는 산맥의 흐름이 백두대간이고, 장백정간, 청북정맥, 청남정맥, 해서정맥, 임진북예성남정맥, 한북정맥, 한남정맥, 금북정맥, 금남정맥, 한남금북정맥, 호남정맥, 금남호남정맥, 낙동정맥, 낙남정맥이 있다. 우리 나라의 산줄기들은 대부분 강이름(청청강, 임진강, 예성강, 한강, 금강, 낙동강)에서 비롯되었으며 그러한 정맥들은 대간, 정간과 함께 모두가 큰 강의 물뿌리(분수령)가 된다.

이것은 '산은 생명의 시작인 물의 산지'라는 우리 전래의 지리 인식을 잘 나타내주고 있다.

하여, 산맥의 논論이 태반 오차를 면치 못하고 있으므로 이 책은 일본의 전문 대가인 아쓰쇼에이의 지리를 채용하여 산맥을 개정하노라."

그 이후 지질 구조선에 근거하여 이름 붙인 '태백산맥', '소백산맥', '노령산맥' 등의 산맥들이 생겨나게 된 것이다. 『산경표』에는 땅 위에 실존하는 산과 강에 기초하여 산줄기를 그렸다. 그래서 우리의 산줄기는 산에서 산으로만 이어졌다. 김정호는 『대동여지전도』 발문에 산자분수령山自分水嶺이라고 썼는데 그 말은 말 그대로 우리 나라 땅을 보는 잣대다.

'산은 물을 가른다.' 또는 '산줄기는 물길의 울타리다.'라는 뜻으로도 해석되며 우리가 흔히 쓰는 '산은 물을 넘지 못하고, 물은 산을 건너지 않는다.'는 말로 설명될 수 있다.

그러나 우리가 지금까지 배워온 산맥 지형도에 의하면 소백산맥이나 노령산맥 등의 모든 산맥들이 도중에 가다가 여지없이 끊어지는 경우를 볼 수 있다. 그래서 우리 나라 지도상에 모든 산맥들의 시작과 끝이 불분명하고 주행에 일관성도 찾아볼 수가 없다. 어떤 지도에는 소백산맥이 지리산에서 백운산까지 이어지기도 한다. 지리산과 백운산 사이를 흐르는 섬진강은 강도 아니라는 듯이.

고지도 연구가 이우형 씨는 "『산경표』는 우리 민족 고유의 산줄기 개념이기 때문에 큰 강을 중심으로 모여 살았던 모든 생활 문화권의 분계를 나타내준다."고 말하며 "이

시대의 자연, 인문, 사회, 역사, 정치, 경제, 산업 등 모든 분야가 우리 전래의 땅 개념을 두고 이루어져야 한다."라고 주장한다.

또한 백두대간의 복원을 위해 고군분투하며 『태백산맥은 없다』라는 책을 펴낸 조석필 씨나 박기성 씨는 산맥은 산줄기가 아니라는 소문이 무성하여 산맥이라는 용어가 없어지고 백두대간이 교과서에 당당히 수록될 날만을 기다리고 있다.

『산경표』를 만든 여암 신경준은 평소 가까운 사람들에게 "마음을 맡은 것은 생각이니, 생각하면 얻고 생각하지 않으면 얻지 못한다."는 맹자의 말과 "생각하고 생각하면 귀신도 통한다."라는 관자의 말을 자주 했다는데 우리 모두가 백두대간을 사랑하고 사랑한다면 안 될 것도 없지 않은가.

운일암 · 반일암을 거친 주자천이 월계로

오늘도 어김없이 비가 내린다. 금강의 발원지가 장수의 뜬봉샘이 아니라 하늘이라는 것을 알려주기라도 하듯…….

용담댐 1.5킬로미터 지점에서 우리를 태워다준 김동수 국장을 보내고 우리는 걷는다.

조선 초기의 문신인 윤소종尹紹宗은 시서詩序에서 "용담의 백성들은 소박하고 꾸밈이 적다.…… 좁고 맑은 물이 여러 겹 창벽蒼璧 간에 흐른다."고 하였다. 『주기州記』에는 "땅은 궁벽하고, 하늘이 깊으며, 바위는 기이하고, 나무는 노후하다. 구름다리가 산에 걸리고, 돌길은 시내에 연해 있다. 동구

태고정

『신증동국여지승람』에는 태고정이 다음과 같이 기록되어 있다. "봉우리가 빼어나고 시내가 둘려 있으며 송백松柏이 울창하다." 태고정은 본래 상거 북쪽에 있는 정자로 현령縣令 조정趙鼎이 작은 정자를 짓고 이락정 또는 만송정이라고 불렀는데 그후 현령 홍석인洪錫因이 이락정 터에 작은 정자를 다시 만들고 태고정이라 고쳐 불렀다. 산봉우리가 우뚝 솟아 있고 아름다운 시냇물이 수백 그루의 소나무를 에워싸고 흐르는 곳에 자리 잡은 태고정은 태고청풍太古淸風이라 하여 용담팔경 중의 한 곳이었다. 하지만 지금은 용담호에 둘러싸여 옛 풍광을 찾을 길이 없다.

이 정자에는 다음과 같은 이야기가 얽혀 있다. 1911년 3월 일본인들이 국고 수입을 올리기 위해 태고정을 헌납이라는 미명으로 압수한 뒤 공매에 부치려고 했다. 그때 이 지역 사람들이 선현들의 숨결이 배어 있는 정자를 빼앗기지 않으려고 이를 사들일 자금을 마련하고자 했으나 돈이 모이지 않아 애를 태우고 있었다. 그때 한 주민이 자기의 사재를 털어 이 정자를 사들인 뒤 다시 용담면에 기증하였다.

洞口문은 깊숙하며, 백성들은 드문드문하다."고 실려 있다.

용담댐의 사방팔방이 한눈에 내려다뵈는 망향의 동산에는 팔각정과 태고정太古亭 그리고 용담 땅을 다녀간 현령들의 영세불망비가 몇 기 서 있다.

용담 태고정 | 원래 용담의 상거 북쪽에 있던 정자인 태고정은 용담댐이 만들어지면서 망향의 동산으로 옮겨졌다.

주천면 대불리에서부터 비롯된 주자천이 운일암과 반일암을 거치고 주천, 용담을 지나 월계리에 이른다. 주자천이 반달처럼 에워싸고 흐르므로 달계 또는 월계라는 이름이 붙은 이곳은 원래 가을이 되면 산이 노랗게 물들어 풍치가 아름답기 때문에 황산리라 불렀다는데 황산마을은 자취도 없이 사라져버렸다.

포내들, 달계들은 잡초만 무성하고 여정은 와정臥亭에 이른다. 뒷산에 누워 있는 정자나무가 있어서 와정이라고 불렸던 이 마을 마지막 남은 집 한 채에 사람이 살고 있지만 출타중인지 비어 있다. 그 집 앞에서 보니 잡초 무성한 논배미에 붉은 부들이 무리를 지어 피어 있다. 여기서 얼마쯤 걸어가자 안천대교에 이른다.

강 건너 경대로 건너가던 나룻배와 뱃사공이 사라진 것은 1976년 안천대교가 만들어지면서부터였다. 금산으로, 안천으로, 용담으로 오고 가던 그 사람들은 지금쯤 어디에 있을까? 완성단계인 거대한 용담댐이 눈앞을 가로막는다.

금산으로 가는 795번 지방도로와 안천으로 가는 796번 도로가 나뉘는 안천대교를 차들도 사람들도 아무렇지도 않다는 듯이 지나다닌다. 하지만 얼마 안 있어 이 다리는 물 속에 잠길 것이다. 내리는 빗속에 이따금 지나다니는 작업차량의 굉음만 요란하고 우리는 아직 공사 중인 용담댐의 계단을 올라간다.

계단은 다리가 긴 사람들만 오르내리게 만들었는지 계단 폭이 넓기도 하다. 그 계단에는 배를 매기 위한 접안시설이 설치되어 있다. 공사가 한창 진행중인 광장에 올라서자 용담댐은 공룡처럼 큰 형체를 드러낸다.

용담댐 | 용담댐 아래 금강이 잔잔하게 흐른다.

용담댐 담수의 후유증

우리의 기대와는 달리 우리가 금강 답사를 끝내자마자 담수는 계획대로 진행되었다. 수질보전 대책이 끝나지 않은 채로 용담댐 담수를 시작하게 되면 용담댐은 맑은 물을 담을 수 없다. 그 피해는 결국 '우리들의 몫이다'라는 절박한 심정을 안고 용담댐 바로 아래의 수자원공사를 찾았던 때는 2000년 10월 26일이었다.

김재승 회장이 단도직입적으로 언제쯤 담수를 할 것인가 묻자, 용담댐 건설사업소장이 "용담댐은 10억 톤쯤 되고 대청댐은 32톤쯤 됩니다. 환경청의 허락이 떨어져야 담수를 하지요."라고 대답한다. 그러고는 이렇게 덧붙인다.

용담댐 건설 연혁

용담댐의 건설은 일제강점기인 1930년대에 처음 계획되었다. 한반도의 영구침탈을 위해 1936년부터 6개년 사업으로 실시했던 조사사업 결과 선정된 154개소 조선수력발전 지점망 속에 용담댐이 포함되었던 것이다. 그 뒤 1945년까지 측량을 완료하였고 수몰지역 내의 용지 매수까지 끝마쳤다.

그러나 일제가 패망하자 용담댐은 공사가 중단되었고 1950년에 용지 매수했던 토지는 무상 반환되었다. 1966년 건설부에서 용담댐 일대를 재조사하여 수몰지역민의 이주대책까지 세웠지만 계획으로만 그쳤으며 국토종합개발계획 중 4대강 유역 종합개발에서도 용담댐은 제외되고 대청댐만 건설되었다.

용담댐 건설이 수면 위로 떠오른 것은 서해안 개발이 본격화된 1980년대 중반부터였다.

1992년 10월 29일에 용담댐 공사가 착공되었고 1997년 12월 10일에는 용담에서 고산까지 21.9킬로미터에 직경 3.2미터의 도수터널이 관통되었다. 그러나 용담댐 건설사업이 순탄했던 것만은 아니었다. 1989년 5월, 용담댐 건설반대투쟁위원회가 결성되었고 전북향우운동본부 주최로 용담댐 건설과 전북지역 발전에 관한 토론회를 열기도 하였다.

한편, 용담 다목적댐을 건설하게 된 목적은 전주, 익산, 군산, 장항 등 전주권과 서해안 개발사업을 비롯해, 생활, 공업 용수의 안정적인 공급, 금강 하류지역의 홍수피해 경감, 수력 에너지 개발 등이었다.

"지난 9월 중순부터 김제시 도청, 군산 지역 공무원들이 조를 짜가지고 와서 정화를 하고 있어요. 대아리 물 값이 2.9배나 더 비싸요. 최소한 2년이 지나야 담수가 끝납니다. 물은 4킬로미터만 흐르면 자정 역할을 합니다. 그래서 진안천과 금강이 합류하는 외송교 부근에 갈대숲을 조성하고 있지요."

인공 갈대숲을 조성하는 것이 단시일 내에 가능하지 않을 것이다. 그가 말하는 그 비싼 물, 우리가 물 쓰듯 쓰는 물은 지구의 역사가 시작된 이래 한 방울도 늘지 않았다.

16세기 세계 인구가 5억 정도일 때 정여립이 살았던 조선의 인구가 500만 정도 되었다. 현재 세계 인구가 60억 정도 되는데 남북한 합쳐서 9천만 명쯤 되니 물이 부족해질 것은 불을 보듯 뻔한 일이 아닌가.

생존을 위한 투쟁이라고 할 수 있는 물 전쟁은 이미 시작되었다. 터키, 시리아, 이라크가 유프라테스 강과 티그리스 강의 물을 놓고 갈등을 빚고 있고 갠지스 강을 두고는 인도와 방글라데시가 마찰을 빚고 있으며, 다뉴브 강을 두고 체코, 헝가리, 루마니아 등의 갈등이 심화되고 있다. 그래서 전문가들은 20세기의 자원 전쟁이 석유 때문이었다면 21세기에는 물이 재앙의 씨앗이 될 것이라고 예견하고 있다.

유네스코와 세계기상기구(WMO)는 1999년 제네바 물회의 개막식에서 "현재 물 부족 사태를 겪고 있는 국가는 25개국이지만, 2025년에는 34개국이 수자원 고갈로 고통을 겪을 것"이라고 경고하였다. 2050년에는 전 세계 인구의 13~20퍼센트가 식수난에 시달릴 것으로 예상하고 있는 것이다. 그럼에도 불구하고 우리 나라의 국민 1인당 하루 물 소비량은 유럽 국가들보다 월등하게 많다. 독일 132리터, 덴마크 246리터, 프랑스 281리터인데 비해 우리 나라는 395리터를 쓰고 있다. 그런데도 정부는 2005년에는 500리터를 쓰도록 하겠다고 공언하고 있다.

애덤 스미스는 그의 저서 『국부론』에서 물과 다이아몬드의 패러독스를 이야기한다. 인간에게 물보다 더 귀중한 재화를 찾아보기 힘든데도 물은 헐값이고 단지 장식용으로만 사용되는 다이아몬드는 천정부지의 가격으로 거래되는 것이 역설이라는 것이다.

인구증가와 산업화 등으로 수자원 부족은 심각할 수밖에 없다. 물을 낭비하는 습관을 버리지 않는 한 우리는 물 기근에 시달릴 것이 뻔하다.

우리 나라도 건설교통부에 따르면 2006년부터 연간 4억 입방미터, 2011년부터는 20억 입방미터의 물이 부족할 것이라고 한다. 유엔 역시 우리 나라를 물 부족 국가로 분류하고 있는데 국민 1인당 사용 가능한 수자원 양이 연간 1,470입방미터로, 유엔기준 물 부족 국가(연간 1천~2천 입방미터)에 해당하기 때문에 연간 1,650입방미터인 이집트와 크게 차이가 나지 않는다. "산과 물을 잘 다스려야 천하를 다스릴 수 있다."는 동양의 오랜 지혜를 실천해야 할 시점이다.

물이 자정작용을 한다

“모든 댐의 담수 시기는 갈수기인 10월 말이나 11월 초입니다. 금년에 담수를 하지 않으면 내년으로 미루어야 하는데 그러면 이주 문제가 생깁니다. 2,800세대를 이주시키는 데 엄청난 문제가 발생했었습니다. 남아 있는 세대들을 빨리 이주시켜야 합니다. 또 하나 어려운 문제가 있습니다. 올해는 다행히 비가 충분히 와서 전주나 익산 주민들이 가뭄으로 고통을 많이 안 받았습니다만, 내년에 비가 안 온다면 그들의 고통을 누가 감당하겠습니까? 담수를 시작하면 하루 30센티미터에서 40센티미터쯤씩 할 것입니다. 여러분이 우려하는 일이 발생하지 않도록 조치를 취하겠습니다.

현재(10월 26일) 480세대가 남아 있는데 이달 말까지 250세대를 남겨두고 대부분 철거시킬 것입니다. 나머지 300세대도 11월초까지는 철거될 것이고 현실적으로는 물 차는 순서에 따라 차곡차곡 치울 수밖에 없습니다.”

박동열 단장의 이야기가 끝나자 그 말을 받아 용담댐 건설사업소장이 얘기를 계속했다.

“환경영향평가나 환경기초시설을 하지는 않았지만 장수에서 오는 물은 60킬로미터를 흘러오며 거의 자정을 하게 됩니다. 그러나 진안은 좀 문제가 되지요. 그래서 하수종말처리장을 만들면서 동시에 진안읍 아래 5만여 평에다 인공습지를 만들어 갈대나 수변식물을 심어 정화시킬 예정입니다. 소수의 의견도 존중되어야 하지만 고통받고 있는 다수의 사람들을 환경단체 사람들도 생각해야 되지 않겠어요. 물론 10년 전에도 소수의 학자들은 이런 견해를 피력했었지요. 그러나 지금은 여러 환경단체나 문화단체에서 이의를 제기하고 있지요.

제일 처음 소양강댐이나 대청댐이 생길 때는 어떠한 문제도 제기하지 않았어요. 충주댐부터 이러한 문제가 제기되었고요. 용담댐만 해도 1997년, 1998년까지는 가만히 있다가, 담수를 코앞에 둔 시점에서야 담수를 못하게 하는 것은 문제가 있지 않느냐 이겁니다. 지금이라도 담수할 수 있는 준비가 되어 있고 여러 가지 상황 때문에 담수를 해야 합니다."

그들의 입장은 확고했다. 우리가 아무리 떠들어도 담수는 곧 시작될 것이다. 우리의 마지막 말은 이러했다.

"최근 담수를 시작한 밀양댐과 횡성댐이 담수 도중 부영양화 현상 등 수질오염이 예상되고 있고, 안동댐의 경우 1급수의 물이 20여 년이 지난 지금 3급수로 전락했으며 진안이나 장수군의 하수종말처리장이 내년까지 완공될 것 같지 않습니다. 고통받은 사람들이 소수인지 다수인지는 모르겠지만 대다수의 시민들, 그리고 우리가 고통을 감수할 것이니 완벽한 수질보전대책을 세운 다음에 담수해주십시오."

끝나지 않을 듯한 대화를 마치고 우리는 용담면 옥거리를 찾아갔다. 마을 앞을 흐르는 냇물이 옥같이 맑아 옥거리라 이름 붙였다는 이곳에는 전쟁이 끝난 뒤의 참상을 보여주듯 집들은 부서지고 몇 채 남은 집들만 을씨년스런 풍경을 연출하고 있다.

'욕쟁이 할머니집'이라고 씌어진 간이휴게소에 들어가 막걸리 한 잔을 나눈다. 한평생을 흉허물없이 살았던 사람들이 대전으로 전주로 진안으로 뿔뿔이 흩어져간다.

우리가 그곳을 다녀온 지 불과 며칠 만에 수자원공사와 전라북도는 군사작전처럼 담수를 시작하고 말았다. 맑은 물을 먹기 위해 지장물 철거를 끝내고 수질보전대책을 완전히 세운 다음 적법한 절차에 의해 담수를 하라는 최소한의 요구를 받아들이지 않은 채……. 11월 9일 오후 4시 김재승 회장이 전주 MBC에서 전라북도 환경청장 그리고 도청 수질과장과 '용담댐 담수 어떻게 할 것인가' 심층대담을 하고 있던 시간이었다.

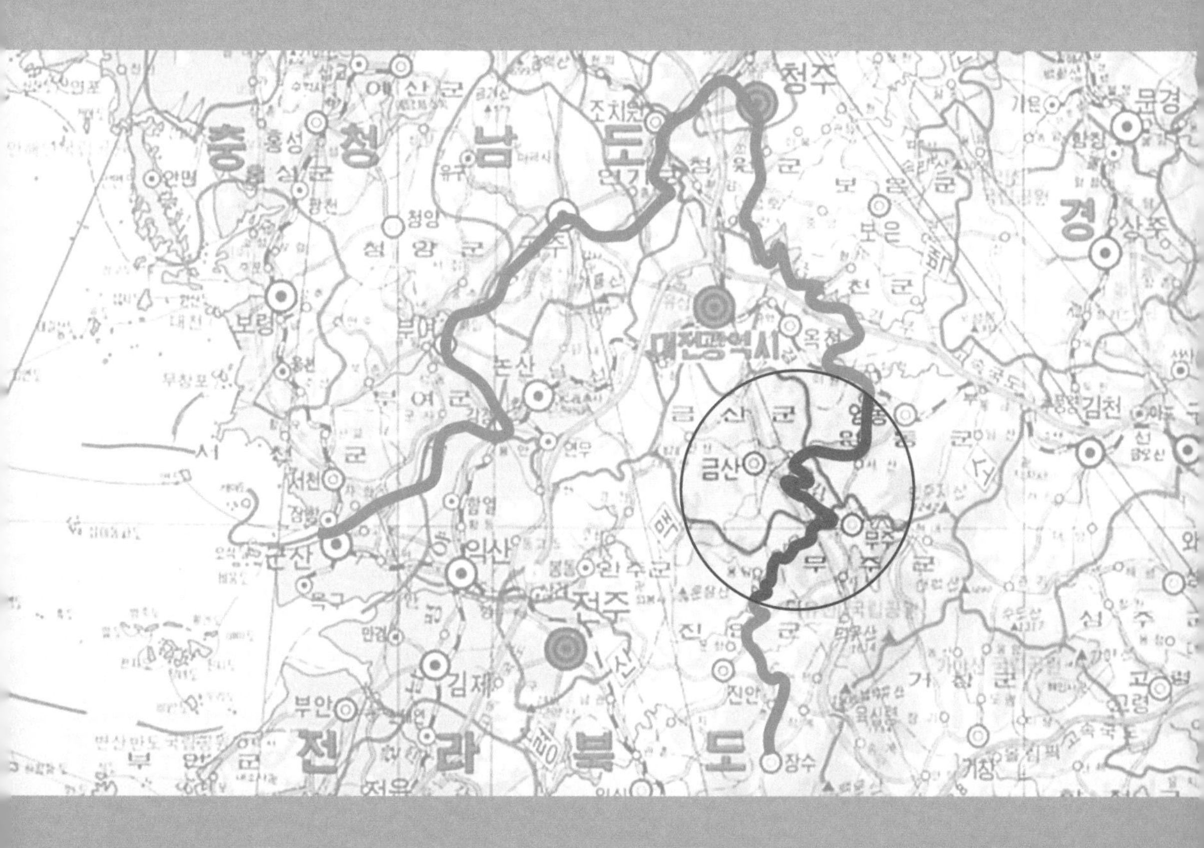

2구간

용담댐 아래에서 초강까지

깊은 강은 멀리 흐르고 | 오지 중의 오지 앞섬
취미로 강을 걷는다 | 금강은 흘러야 한다

깊은 강은 멀리 흐르고

섬바위 | 영화관에서 애국가가 나오던 시절 화면을 장식했던 용담댐 아래 섬바위.

사라져버린 쉬리

아무래도 비가 갤 것 같지 않다. 내리는 빗속에 수자원공사 현장도 조용하다. 강물은 부쩍 불어나 유유히 흘러가고 예전에 애국가의 배경음악으로 나왔던 섬바위의 소나무는 푸르르다.

물이 불고 비가 내리는 까닭에 산기슭을 따라간다는 것은 불가능하다. "다음달에 담수가 시작되면 용담댐 하류인 이곳에 앞으로 영원히 저렇게 걸판지게 흐르는 물은 볼 수가 없을 것입니다." 김재승 회장의 말에 채성석 씨와 나는 고개를 끄덕이면서 처연해지는 마음을 금할 길이 없다. 강은 흐를수록 깊어지고 깊은 강은 멀리 흐른다고 했는데 이 강물은 이제 어디로 흐를 것인가.

어둔이마을의 빈집에는 사람의 기척이 없다. 비가 내려서 마실이라도 간 것일까? 개 한 마리만 목이 쉬게 짖어댄다. 일제 말 건설 계획이었던 용담댐 예정지가 이곳이었다는데, 마을 사람들은 이곳 지명이 용이 돌아온다는 뜻의 회룡리라서 댐 예정지가 위쪽으로 올라갔다고 한다. 글쎄, 회룡고모형이라는 이곳 회룡동에 용이 살기나 했었는지 모를 일이다.

비를 맞으며 새밭구석 마을을 지나 뒤뛰기재를 넘는다. 포장되지 않은 도로는 마을을 지나며 끊겨 있고 고개를 넘어서자 대소리에 닿는다.

금강변에 큰 소나무가 있어서 대소리인 유평을 지나며 그새 붉어진 대추나무를 만난다. 그냥 갈 수는 없고 하나 따서 먹으니 우기임에도 불구하고 어쩜 이렇게 달까. 강 건너 덤들 들녘에는 나락이 익어가고 부남면 소재지 금강식당에서 점심을 먹으며 주인 아줌마의 이야기에 귀를 기울인다.

"지금이나 지나다니던 사람들도 밥을 먹고 가지만, 옛날에는 하숙을 쳤어요. 여그 학교 댕기던 사람들이랑 객지에서 온 면사무소 직원들이 손님이었어요." 언제부터 이곳에서 식당을 했느냐는 나의 물음에 "시어머니 때부터 했으니까 한 30년 되었겠네요. 그런디 이곳 냇가에 고기가 많이 없어졌어요. 모래무지, 빨치(쉬리) 같은 고기도 많았는데. 그보다 더 큰 문제는 물이 너무 오염이 됐다는 거예요. 냇가에 가서 고기를 잡고서 집에 오면 다리를 씻지 않으면 문제가 생기니 누가 고기를 잡겠으며 누가 여그 살라고 하겠어요. 물 차면 큰일이에요."라고 대답한다. 걱정이 태산인 양점순 아주머니의 말을 듣고 있자니 한숨이 절로 나온다.

무주 부남 부근의 금강 | 지형이 소쿠리처럼 생겼다. 한번쯤 살아보고 싶은 충동을 느낄 만큼 아름다운 곳.

“여기서 용포까지는 얼마나 걸릴까요?”라는 채성석 씨의 물음에 “한 이십 분 걸릴 거예요.” 한다. 이 얼마나 무모한 낭만인가. 차로 20분이면 갈 거리를 우리는 네 시간은 족히 걸어야 피곤한 몸을 누일 숙소에 도달할 것이다. 비는 계속 내리고 유동마을로 가는 대소다리를 건너서 조금 가자 길가에 개복숭아가 새악시 볼처럼 빨갛게 익어 있다.

차로 20분 거리를 걸어서 한나절을 간다

금강이 휘감아돌기 때문에 봉황의 집처럼 보인다는 봉황리는 물이 불어서 강을 건널 수 없고 대유리 한치마을로 들어선다. 임진왜란 때 흩어졌던 사람들이 한데 모여 마을을 이루었기 때문에 한치라는 이름이 붙었다는 한치마을의 모정에 앉아 내리는 빗물 소리를 듣는다. 높게 혹은 낮게 떨어지는 저 가을비 소리에 가을은 깊어간다. 굴바우가 있으므로 굴암리라고 지어진 상굴암 · 하굴암을 지나며 강은 넓어진다. 새터마을을 벗어나자 멀리 대전-통영 간 고속도로 현장이 보인다.

아직 완공되지 않은 술암교 아래로 강물은 흐르고 건너편에 기암괴석들이 아름다움을 자랑하고 있다. 다리 아래에 몸을 누인 채 김재승 회장이 한마디 한다.

“물처럼 살면 돼요. 가다 막히면 돌아가고 휘어지면 꺾이고, 내가 생도 때 공군묘지에 가서 선배였던 조남현 중위의 묘비명을 봤어요. 그 묘비명에 뭐라고 씌어 있었는지 아세요? ‘물은 높은 곳에서 아니 가는 데가 없이 흐르되 모든 것에 생명을 주고 아무것도 요구하지 않는다.' 나는 그 구절을 읽고 내가 어려서부터 보고 자란 금강을 생각했고 어느 땐가는 금강을 지키며 살려고 작정했어요. 그 마음이 목에까지 차올라 직장을 그만두었어요."

잠두마을 | 지형이 누에의 머리 같다고 해서 잠두마을인 이곳에는 연대가 다른 다리 세 개가 겹겹이 걸쳐 있다.

김재승 회장은 노자의 『도덕경』 제1편에 나오는 "물은 언제나 높은 곳에서 낮은 곳으로 순리에 따라 흐르기 때문에 어떠한 장애물을 만나지도 않으며 모든 존재에게 유익한 일을 하고 있다."는 그 심오한 진리를 깨닫고 금강을 살리는 일에 평생을 바치기로 결심했으리라.

불과 얼마 남지 않았는데 박종민 군이 내리는 빗속에 주저앉는다. 젊지만 몸집이 크고 더구나 젊다는 혈기 하나로 우산도 쓰지 않고 하루 종일 비를 맞으며 걸었으니 오죽하겠는가. 애석하지만 먼저 박종민 군을 숙소로 보내기로 한다. 아무리 손을 흔들어도 몇 대의 차량이 우리 곁을 그냥 스쳐간다. 다행히 트럭이 우리 앞에 멈춰선다.

여기서부터 길은 두 갈래로 나뉜다. 다리를 건너면 잠두마을로 가는 길이고 다리를 건너지 않으면 옛 시절 신작로 길을 따라 우거진 숲길을 헤집고 가야 한다. 하루 종일 비

맞은 몸들이 무엇을 가리겠는가. 사라져가는 길을 걷기로 한다. 강은 이곳에서 더없이 아름답다. 누가 이 길을 이렇게 비 내리는 날 걸을 수 있겠는가. 빗물을 머금은 나뭇잎들이 얼굴을 스치고 다리 아래는 이미 흠뻑 젖었다.

가당천 · 상류천 · 남대천 모두가 이곳에서 금강에 합류하기 때문에 여러 굽이가 된 강물이 마치 꿈틀거리는 용과 같다 하여 용포라 불린다. 마을 모양이 누에머리처럼 보인다 하여 '누에머리' 혹은 '잠두'라고 부르는 마을에는 어떤 사람이 살고 있으며 겹겹이 놓인 저 다리는 어느 누가 건너다녔을까?

가옥리에서 눈목을 지나 누에머리로 가는 길에 있었다던 옹기점터와 주막은 사라져버리고 지금은 자동차들만 쏜살같이 지나가고 있다.

번질가 여울 밑 큰 다리 아래로 가람여울, 뱃여울이 겹쳐 흐르고 옥녀가 띠를 두르고 베 짜는 형국이라는 요대마을을 지난다. 1942년에 만들었다는 용포 큰 다리는 새로 만든 용포대교에 밀려 앉아 있고 우리가 하룻밤 묵을 숙소에는 어둠이 내리고 있었다.

오지 중의 오지 앞섬

용포대교를 지나며

2구간 이틀째 아침, 잠시 비가 멎었다. 용포대교를 지나는 길에 노란 달맞이꽃과 싸리꽃 그리고 아직 새파란 산초나무 열매가 주렁주렁 매달려 있다. 조금 지나자 사과나무 과수원 옆에 조 이삭들이 풍성하게 흔들린다. 그곳에서 눈 들어 바라보니 남대천이다.

남대천은 무주군 무풍면 덕지리 대덕산 기슭에서 발원하여 서북쪽으로 흐른 설천을 합하여 남대천이 되고 무주읍 오산리에서 버드내를 합한 뒤 무주읍 대차리에서 금강과 합류한다.

무진장으로 알려져 있는 무주 · 진안 · 장수 중 전라도에서 가장 북쪽에 자리 잡은 무주군은 충청도와 경상도에 맞닿아 있다. 예로부터 "토끼와 발 맞추고 산다."는 표현이 딱 들어맞는 무주를 『신증동국여지승람』 '풍속' 조에서 정

나제통문 | 남대천 상류에 있는 나제통문은 신라와 백제의 접경에 있었다는 문인데 뚫린 것은 오래 되지 않았다.

인지는 "민업民業이 황량하기 해를 거듭하니, 상수리와 밤을 저장하여 양식을 삼네."라 노래하였다. 그리고 허주許周는 그의 시에서 "만학천봉에 자색 안개가 깊다." 하였으며, 유빈柳濱은 "산이 포옹하고 물이 둘러 있으매 마을이 깊숙하다."고 표현하였다.

지금은 덕유산 일대의 관광자원 때문에 수많은 사람들이 즐겨 찾는 곳이 된 무주를 지나 금강은 충청도로 접어들 것이다.

드디어 내리던 비가 완전히 멎고 강이 만나 어우러지는 강가의 풀섶으로 소 세 마리를 이끌고 지나가는 농군의 발걸음이 가벼워 보인다.

아무래도 오늘은 이쯤에서 날이 갤 듯싶다. 사과 과수원 사이로 하늘에 별을 뿌려놓은 듯 메밀꽃이 피어 있고 산등성이에 어우러진 조선 소나무 숲이 아름답다.

남대천은 금강으로 들어가고

남대천을 받아들인 금강은 더욱더 넓어져 충남 금산을 향해 흐르고 비가 갠 것을 알려주기라도 하듯 살랑살랑 바람이 분다. 이 비 그치고 나면 하루가 다르게 대추는 단맛이 더해질 것이고 산이면 산마다 단풍잎이 곱게 물들어갈 것이다.

옛 시절 서면은 면의 소재지였다지만 그 자취는 간 데 없고 금산군 부리면으로 가던 서면 나루터도 흔적조차 없다.

이 강을 건너면 금산 부리면 방우리에 이른다. 금강의

모퉁이에 있으므로 방우리라고 이름 지은 이곳은 금산군에서도 오지 중의 오지마을이다. 마을 길이나 담벼락도 1960년대 풍경 그대로 남아 있고 전화마저도 금산의 지역번호가 아닌 무주 지역번호를 사용하고 있다.

강 건너 대차리에 있는 배 과수원이나 고추밭에 가고 싶어도 이렇게 비가 많이 내린 날은 여러 날을 두고 건너갈 수가 없으니 우리의 여정 역시 오늘은 속수무책이다. 방우리 이장님이 배를 타고 와서 건네준다고 했지만 오늘은 가능하지 않아 보인다.

남대천과 금강이 만나다 | 무주읍 대차리에서 무주구천동을 지나온 남대천이 금강에 합류한다.

우리가 다시 여정에 나선 날은 12월 스무사흘이었다. 집을 나서기도 전에 창문 너머에서 회오리바람이 지나간다. 문을 열자 어둠 속으로 주룩주룩 비가 내리고 하늘에선 우르르쾅쾅 천둥소리마저 들린다. 여름날 태풍이 오는 것도 아닌데 이 겨울에 내리는 저 비는 우리의 금강 답사를 미리 알고 있었단 말인가.

날이 부옇게 밝아지는가 싶더니 느닷없이 어둠이 내리고 그 어둠 속으로 사람들이 사라져버린다. 캄캄한 어둠 속으로 비는 작달비로 내리퍼붓고 우리는 어떻게 할지 가다가 결정하기로 한다. 비는 모래재를 넘자 눈으로 바뀌었지만 우리에겐 시간이 없었다. 눈 내려 길이 험난할지라도 가는 데까지 가기로 했다.

앞섬이라 불리는 방우리 이장네댁에 도착한 시간은 10시쯤이었다. 우리를 기다리고 있던 설재욱(65세) 이장님은 일행이 도착하자 반갑게 방 안으로 맞아들인다. 책상 위에

방우리 소수력 발전소 | 금강의 상류 부근에 방우리 소수력 발전소가 있다.

는 공사 생도복을 입은 젊은 사람의 사진이 걸려 있다.

"선친들의 얘기에 의하면 임진왜란 때 피난 왔다가 눌러 앉았다고 해요. 400년을 이곳에서 지낸 설씨 문중의 큰집이라 종손이지요. 제가 공군하사관 출신이고 아들도 공군사관학교에 보냈어요. 지금 원주 비행장에서 소령으로 근무하고 있지요."

오지 중의 오지인 이곳에서 공군 소령이 되었으니 그의 아들도 출세한 사람 중의 하나일 것이다.

"옛날에는 현내리를 갈선재로 해서 넘어갔어요. 수통리 앞으로 해서 백일사라는 절을 거쳐 넘어갔지요. 거리는 한 8킬로미터쯤 되는데 몇 시간이 걸렸는지는 모르겠어요."

여러 가지로 불편하지 않느냐는 김재승 회장의 말에 이렇게 대답한다.

"지금은 이곳이 충청남도 금산군 부리면인데 원래는 전라도였어요. 전라북도 무주로 편입시켜달라고 청와대랑 여러 곳에 청원서를 냈어요. 이곳 금산에 길을 내달라고 해도 안 내주고 행정구역 개편도 어렵다고 해요. 저번에 금산군수가 왔을 때 다리라도 놓아주었으면 좋겠다고 하자 지금 놓는 앞섬다리도 50억이란 큰돈이 드는데 어떻게 다리를 또 놓겠냐고 그래요. 무주군에서는 그쪽으로 편입될 수 있다면 언제라도 받아들이겠다고 하는데 잘 안 되고 있어요."

국민의 편의를 위해서 불필요한 것들을 최대한 제거해 주는 것이 행정의 역할일 것인데 면적 축소와 인구 감소를 막기 위해 주민들의 희생만 강요하는 것은 21세기 선진 행정의 역할은 아닐 것이다.

방우리 마을을 벗어나며 방우리 소수력 발전소를 만난다. 금강은 그곳에서 푸르뎅뎅하게 썩은 물로 우리 앞에 나타난다. 1987년부터 가동된 방우리 소수력 발전소는 국내의 40여 개에 이르는 소수력 발전소 중 '노장' 축에 속한다.

이 발전소는 현재 세월이 흐르면서 여러 가지 문제점을 안고 있다.

"금강을 보존하기 위해서는 방우리 발전소부터 없애야 돼요. 발전하기 위한 수량이 모자라니까 뚫려 있던 세 개의 개폐구까지 막아버린 거예요. 개폐구를 막으면서 물을 더 확보하기 위해 20센티미터를 더 쌓았지요. 그때부터 물이 다 썩어버렸고 뱀장어 한 마리도 올라가기 힘들게 되었어요."

설 이장님은 금강을 살리기 위해선 방우리 소수력 발전소부터 없애야 한다고 힘주어 말한다.

이곳 앞섬의 금강에서 1975년 장마 때 나룻배를 타고 건너던 주민 18명이 물에 빠져 숨졌고 그 뒤에 놓은 다리 옆에 현대식 가교를 설치중이었다. 우리는 농원으로 가는 고갯마루를 넘는다. 향로봉(420미터)에서 바라보면 앞섬마을의 물길이 마치 의성포 물도리동이나 하회마을처럼 휘감아돈다. 그 모습이 한 폭의 풍경화를 연상케 할 만큼 아름답다.

방우리 소수력 발전소
1982년에 착공, 1987년도 준공된 후 발전에 들어간 방우리 소수력 발전소는 낙차 12.5미터를 이용한 수로식으로 연간 850만 kw/H의 전기를 생산하고 있다. 오메가형의 뚜렷한 사행천이라는 지형적 특성을 이용, 보를 축조하여 강물을 막은 후 최단거리가 되는 지점(244미터)에 도수터널을 뚫어 물의 흐름을 바꾸면서 낙차를 얻고 있다.

무주 앞섬 | 무주 향로봉에서 바라본 충남 금산군 부리면 부근을 금강이 휘돌아가서 섬처럼 보이므로 앞섬이라고 부른다.

금산 연혁

금산의 동쪽은 적강, 서쪽은 대둔산이 경계이다. 백제 때의 이름이 진내을군 進乃乙郡이며, 대부분의 다른 군과 마찬가지로 태종 때에 금산군이라는 이름을 얻었다. 1914년에 진산군이 금산군에 편입되었고, 1963년에 전라북도에서 충청남도로 편입되었다. 이규보는 "산이 극히 높아서 들어갈수록 점점 그윽하고 깊다."고 하였으며, 이곡 또한 "사방은 막히고 길은 깊고 험하다."라고 하였다. 남수문은 "지금의 군은 옛날의 진례현인데, 산을 두르고 강을 띠고 있어 전라도에서는 가장 궁핍한 땅이니 실로 사방이 막혀 있는 곳이다."라고 했다. 지금은 대전-통영 간 고속도로가 뚫려 교통이 편리하다.

앞섬과 뒷섬에는

강은 절묘하게 휘어돌고 아랫자락에 수력 발전소가 한가한 모습으로 서 있다. 강가 왼쪽으로 3만여 평의 농경지가 펼쳐져 있는데 이곳 앞섬의 농원 일대 논밭은 1954년 1월부터 이곳에 정착 농민이 들어와 개간을 했다고 한다. 농원 안쪽에는 개연꽃이 많이 피는 장자늪이 있다.

농원마을에서 지렛여울을 건너자 얼마 전에 새로 만든 길이 보인다. 금산군에서 협조하여 만든 이 길은 산악 자동차 경주에 이용되었다고 하는데 가까운 강바닥의 모래를 퍼올려 만든 탓에 강가 쪽은 시퍼렇고 깊은 웅덩이들이 파여 섬뜩하기 이를 데 없다. 어째서 금산군은 이 비단 강에도 저토록 무모한 강길을 만드는 것을 묵인했을까? 김재승 회장은 분노를 토해낸다.

강가의 나무들은 하얗고 빨갛고 노란 색색의 비닐들을 한 아름씩 달고 있다. 한 일본인 학자가 금강을 보고 "금강은 아직 맑고 깨끗한데 쓰레기가 너무 많습니다."라고 한 말이 실감난다. 마치 능구렁이가 나무를 칭칭 감고 올라가는 것처럼 나무를 휘감고 있는 저 비닐들을 어찌할 것인가 생각하는 사이 강을 건너지 않고는 돌아갈 수밖에 없는 길 위에 선다.

나는 망설이지 않고 신발을 벗고 양말도 벗는다. 물이 차다. 몇 걸음 옮기면서 내 발은 내 발이 아니다. 겨우 건너 양말을 신자 발이 얼어서 잘 신겨지지 않는다. 그런데 채성석 씨와 김재승 씨는 이봉주가 결승점을 향해 달리듯 전

속력을 다해 강을 건너오는 것이 아닌가.

그러나 그들도 사람인지라 신발은 물에 푹 빠지고 말았다. 내 발은 조금 지나면 시린 것이 사라질 것인데 저들은 어찌할 것인가. 옛말에 내는 건너봐야 알고 사람은 겪어봐야 안다는 말이 있지만 이렇게 추울 줄 누가 알았겠는가. 강을 건너며 바라본 풍경이 비로소 적벽강임을 안다.

보석사 | 금산군 진악산에 있는 보석사에는 큰 은행나무가 있다.

금산 8경을 감상하며

금산군에는 여덟 가지 아름다운 경치가 있다. 널리 알려지지는 않았지만 예부터 이곳 사람들 사이에서는 그 이름들이 손꼽혀왔다.

먼저 칠갑산과 덕숭산에 이어 충청남도에서 세 번째로 도립공원이 된 대둔산을 들 수 있다. 충청남도 논산군과 전라북도 완주군에 걸쳐 있는 대둔산은 절벽과 계곡, 폭포 따위의 경관과 함께 태고사, 석천사 같은 절과 이치, 대첩지 같은 전적지도 간직하고 있다. 최근 등산길이 잘 닦여진 뒤로는 서울에서 당일치기로 다녀가는 등산객이 늘고 있다.

12폭포는 진악산에 있는 크고 작은 폭포 열두 개를 말하는데, 이 12폭포도 절경에 든다. 가장 큰 폭포는 높이가 20미터이며 수량도 풍부해서 웅장한 모습과 함께 물소리마저 시원한 느낌을 자아낸다.

충청북도 옥천군과 경계에 있는 서대산, 울창한 숲을 자랑하는 국사봉, 담수어가 많이 잡히는 금강 상류의 광석강

금산 8경

적벽강, 서대산, 진악산, 12폭포, 대둔산, 국사봉, 광석강, 신촌송림

도 금산 8경에 속한다. "봉황천이 마르지 않는 한 금산 군민은 굶지 않는다."라는 말에 등장하는 봉황천이 금산 들판을 가로질러 흐른다.

한편 개성 인삼에 이어 우리 나라에서 제일로 알아주는 인삼의 고장인 이곳 금산에서 해마다 인삼축제가 열린다.

금산칠성사 | 적벽강 부근 신촌리에 있는 칠성사.

적벽강은 금강이 굽이쳐 흐르다가 부리면 수통리 근처에 와서 병풍처럼 둘러쳐진 층암 절벽에 막혀 이루어진 맑고 깊은 강이다. 강변의 버들이 아름답기도 하려니와 이곳에서 멀지 않은 곳에는 역시 8경의 하나인 신촌 송림도 있다.

중국의 소동파가 우리 나라에 유람 왔다가, 중국의 양쯔강 상류인 적벽강을 그대로 옮겨놓은 듯이 물이 맑고 경치가 아름답다고 하여 적벽강이라는 이름을 붙였다고 한다.

적벽강 앞에는 유람선 선착장이 있고 자연시인이라는 정준영 씨가 국세당이라는 기념관을 만들어놓았다. 수통교를 건너며 공주의 이대원 씨와 유재열 씨를 만나 종갓집으로 들어간다.

"옛날에는 80가구 이상 살다가 지금은 한 60가구나 될 거예요. 농업을 주로 하는 나 같은 사람은 고기도 잡아 생활하지요. 잡히는 물고기는 잉어, 눈치, 쉬리 등인데 지금은 예전보다 양이 월등히 줄어들었어요. 옛날에는 저 큰 물을 떠다가 그냥 먹었어요."라고 말하는 주인 어른 길상석(65세) 씨의 목소리에는 옛 시절을 그리워하는 아쉬움이 가득하다.

삶은 그렇게 흔들리고

남은 거리 12킬로미터, 걷기에 적당하다. 바람은 제법 쌀쌀하고 그 바람에 나뭇가지들이 흔들린다. 그 흔들림으로 나무는 겨울을 이겨내는 힘을 얻으리라.

새로 지어진 칠성사는 수통마을로 향하는 길목 왼쪽에 있는데, 이곳에 몇 개의 석탑과 석불이 모셔져 있다. 수통대교 건너 도파리는 강 건너 마을이 다 그러하듯이 평화롭게만 보인다.

마을을 벗어나며 바라본 포도밭에는 따지도 않고 내버려둔 포도들이 가을 시래기 말리듯이 널려 있다. 그냥 따지도 않고 건포도가 되는 저 포도를 어찌할 건가. 바라보기만 해도 울분이 터질 농민들의 타는 가슴을 어찌할 건가.

신촌다리 아래에 신촌에서 들마을, 즉 평촌으로 건너가던 신촌나루터가 있었다고 하지만 지금은 사라졌고 평촌 앞에는 평촌들이 펼쳐져 있다. 강을 따라가는 길은 하루의 마지막 순간까지도 긴장을 늦출 수가 없다. 강을 건너야 할지, 아니면 산길을 타고 돌아가야 할지 잠시 머뭇거린다. 짐작으로 강이 깊어서 건널 수 없을 듯하여 산길을 탔지만 산길을 걷는 것도 쉬운 일이 아니다.

용화산 고개에는 수많은 사람들이 정성을 모아 쌓은 서낭당이 있다. 길은 또다시 마땅치 않다. 돌아가자. 내 발은 이미 무겁고, 바람소리는 요란하다. 고갯마루에 다시 돌아온 나는 우두커니 서서 금강을 내려다본다.

■■■ 취미로 강을 걷는다

사라져버린 닥실나루

무주읍 대차리에서 제원면 용화리 마달피에 도착한 시간은 오전 11시. 물은 거울처럼 맑다. 음식점 몇 개가 종점에서 있고 여기서부터 올라갈 길은 넓다.

용화산(222미터) 아래에 있는 마을 용화리 앞 금강변에는 황새가 와서 자주 앉는다는 황새바위가 있고 충북 영동으로 넘어가는 용화나루가 있었다.

그러나 지금 어쩌다 고기를 잡는 작은 배 몇 척만 떠다닐 뿐 사람을 실어나르고 인정을 실어나르던 나룻배는 이미 사라진 지 오래다. 강 건너 버드나무가 울창하게 우거진 곳에는 비에 떠내려온 쓰레기가 수북하게 쌓여 있다.

금산군 제원면 용화리 | 용화산 아래에 있는 용화리는 강이 잔잔하고 수려하기로 이름이 높아 찾는 사람이 많다.

용화리 입구에는 이색적으로 연자방아 돌에다 용화마을이라는 마을 이름을 새겨놓았고 길 옆에는 패랭이꽃 몇 송이가 햇살을 받으며 피어 있다.

노란 벼이삭이 고개를 숙인 들녘에서 노인 한 분이 "어디를 그렇게 서둘러 가시오?"라며 인사를 건넨다. 김재승 회장이 힘 있는 목소리로 "저 금강 상류 장수에서부터 금강 하류 군산까지 걷고 있는 중입니다." 하고 대답하자 "취미로 걸어가면 좋지요." 하고 말한다. 맞는 말이다. 우리는 참으로 취미로 길을 걷고 있는 것이다.

닥실나루 | 금산에서 영동, 경상도로 가던 금강변의 큰 나루였다.

강 옆에 들깨 밭이 푸르게 펼쳐져 있고 수많은 전구가 전깃줄에 빼곡하게 매달려 있다. 무슨 연유인가 물어보니 전깃불을 켜놓으면 꽃을 맺지 않고 잎만 무성하게 피우기 때문에 꽃을 못 피게 하려고 저녁마다 불을 밝힌다는 것이다. 들깻잎을 따기 위한 방법인 셈이다. 하지만 그러한 행위 자체가 자연을 거스르는 것은 아닐까?

다시 강은 여울져 흐른다. 금강초등학교 앞을 지나서 닥실나루에 닿는다. 천내리를 거쳐 영동, 경상도로 가는 큰 나루가 닥실나루였으나 그 나루는 흔적조차 없이 표지석만 세워져 있고, 길 건너 산기슭에는 물봉선 꽃들이 무리지어 피어 있다.

천내리에서 봉황천과 합류하다

길곡리를 지나 제원대교를 건넌다. 조선시대 때 제원은 제원역이 있었기 때문에 역말 또는 역촌으로 불렸다. 여름에 이곳 제원을 지나려면 다리 난간에 빼곡히 들어찬 사람들이 낚싯대를 드리우고 고기를 잡는 모습을 볼 수 있었다. 그 불빛들이 사라진 천내 1리 마을 슬레이트 지붕 위에는

노란 호박이 주렁주렁 걸려 있다. 길가에 여러 개의 현수막에는 '천 개의 공원 가꾸기' 표어가 걸려 있는데 천 개의 공원을 가꾸고 만들기보다 자연 그대로 살리면서 관심을 기울이는 것이 옳을 것이다. 굳이 만들어야 한다면 몇 개만 시범적으로 조성해보는 것이 바람직할 것이다.

이곳 천내리에서 봉황천이 금강으로 합류한다. 금산군 남이면 건천리에서 발원하는 봉황천은 길이가 45킬로미터로 "봉황천이 마르지 않는 한 금산 군민은 굶지 않는다."라는 말이 있을 정도로 넓은 평야지대를 흐른다. 홍수 때에는 광석리의 협곡이 좁기 때문에 거꾸로 흘러 혼합분지를 이루기도 한다.

금강의 석양 | 금산군 제원면 근처의 금강에 해가 지다.

점심 때를 조금 지나 토백이산장으로 들어간다. 이 집이 만고강산이었던 시절 금강 답사에 나섰던 적이 있었다. 서울대 지리학과 이정만 선생과 함께 했던 그 답사 길에 이곳에서 하룻밤을 묵었다. 그 밤에 들었던 강물 소리가 지금도 귓전에 쟁쟁하게 남아 있다. 다리가 아프다. 나는 굳어진 다리를 두드리고 김재승 회장은 양말을 잘라서 압박 붕대로 맨다.

토백이산장 아래서 금강의 물결은 그때보다 더 빠르게 쏜살처럼 내려가고 강 건너에는 포플러나무가 목가적 풍경으로 줄지어 서 있다. 옛 시절 제원역에 딸린 동원東院이 있었다는 원골마을은 유원지와 공원으로 변했다. 강 건너 지곡리 개태로 넘어가는 천내나루 역시 사라져서 없고 우리는 지금 월영산 아래를 지나고 있다.

월영산에서 달맞이를

제원면 천내리와 용화리의 화상동에 걸쳐 있는 월영산(302미터)은 매년 정월대보름날 이 고장 사람들이 달맞이를 하는 곳이다. 버들목재를 중심으로 북쪽인 월영산 쪽으로 달이 뜨면 풍년이 들고 남쪽인 성인봉 쪽으로 달이 뜨면 가뭄이 심하여 흉년이 든다는 이야기가 전해온다. 그 이야기에 따라 그해 한 해 농사를 점쳐왔다고 하는데 달그림자가 금강에 드리운 풍경은 얼마나 아름다울까? 마을까지 길은 멀다. 사람들은 띄엄띄엄 강변에서 낚시질을 하고 강변에는 큰 바위가 혼자 서 있다.

마루턱에 올라가 흐르는 금강 물을 내려다본다. 이곳은 옛 시절 신라와 백제의 격전지였으며 숯을 많이 구워서 숯고개라고 하였다고 한다. 그러나 지금은 사람의 소리는 사라지고 흐르는 물소리만 요란하다. 길은 충북으로 접어들고 나는 혼잣말로 "지금 우리는 충청남도 금산군 제원면에서 충청북도 영동군 양산면에 접어들고 있습니다."라고 중얼거린다.

'열린 미래 희망의 충북 어서 오세요.' 판에 박은 듯한 표어를 보며 양산면 가선리 가재마을에 도착한다. 매운탕집이 몇 채 있는 조그마한 마을 슈퍼에서 아이스크림을 사면서 바라보니 유리창에 도리뱅뱅이라고 씌어 있다.

싱싱한 피라미를 내장만 빼고 프라이팬에 방사형으로 깔아놓은 뒤 튀겨내는 음식이라는데 안타깝게도 나는 아직 맛볼 기회가 없었다. 나는 넌지시 매운탕가게 주인에게 요즘 금강에 대해 묻는다.

"저 건너가 항골 골짜기이고 금산군에 속하지요. 강이 예전하고 많이 달라졌어요. 예전에는 물을 길어다 막 먹었어요. 한창 때 돌아다닐 적에는 고기 잡다 목마르면 엎드려서 강물을 먹었지요. 이젠 고기도 그 전의 반도 안 나와요. 예전에는 모래가 쌓여서 여름에는 물가 모래밭에서 자고 그랬는데 지금은 모래를 찾아보려고 해도 없어요. 그뿐만 아니라 여기서 바라봐도 강바닥이 훤히 보일 만큼 저 물이 맑았어요. 물은 자동으로 내려가야 하는데 용담댐이 담수를 시작하면 물이 흐르지 않을 거고 대청댐 위쪽은 다 죽을 수밖에 없어요. 여기는 피리 같은 물고기도 사라져버리고 말았어요. 지금은 더더욱 들어갈 수가 없어요. 들어갔다가는 돌에 때가 끼어서 나올 때 코 깨져요. 공사 끝나고 삼 년 후쯤 담수를 해야 장마철에 물이 흘러서 그나마 깨끗해질 텐데, 1년 가지고는 어림도 없어요."

느티나무 아래로 시원한 바람이 불고 흔들리는 나뭇잎 만큼이나 내 마음은 산란하기만 했다. 그러나 이어지는 그의 말에서 희망이 보이기는 했다.

"국민의식이 높아졌는지 예전처럼 쓰레기 버리는 사람이 별로 없어요. 가져가거나 모아놓고 가지요."

의식이 높아져서인지 환경을 생각하는 사람들이 늘어나서인지, 무주에서 대청댐까지의 금강은 아직까지는 대체로 1~2급수의 수질을 유지하고 있다고 한다.

문제는 용담댐 담수를 시작하면 그 뒤는 장담할 수 없다는 것이다. 2000년 4월 환경부에서 측정한 수질을 BOD 기준으로 보면 전북 무주군 부남면 용포리 용포교 지점이 0.4ppm이고 충남 금산군 제원면 지곡리 제원대교 부근이 1.0ppm이며 충북 영동군 심천면 고당리 양강교 부근이 1.2ppm이었다. 충북 옥천군 동이면 적하리가 1.1ppm이었고 옥천군 동이면 우산리는 1.5ppm이었다. 수질로 볼 때 금강 물은 아직 양호한 상태지만 용담댐 담수 뒤에도 맑고 깨끗한 물이 유지될지는 미지수다.

호탄교 아래에는 빨간 마름이

고개를 갸웃거리며 바라본 강 건너에는 잠수교가 만들어져 있다. 그러나 저러한 일종의 물막이보 때문에 뗏목타기나 래프팅 같은 것들은 상상도 못할 듯싶고 물고기의 이동도 용이치 않다고 한다.

밤나무 우거진 강변에 내려가 아직 여물지 않은 풋밤을

까먹는다. 다 익은 밤보다 풋밤은 얼마나 부드럽고 고소한지. 강변에 펼쳐진 사과 과수원은 사람의 발길이 끊어진 지 이미 오래인 듯 한삼 넝쿨만 무성하다. 이곳 가재마을 동쪽에 있는 육조골은 공민왕이 피난 왔던 시절 육조가 머물렀던 곳이라고 한다.

강가에는 많은 낚시꾼들이 낚시질을 하고 있다. "이곳에 고기는 무엇이 있고, 무엇이 잘 잡힙니까?"라는 나의 물음에 "고기가 작아서 재미가 없어요. 붕어나 비단장어가 잘 잡히지요."라는 답이 돌아온다.

멀리 옥천으로 가는 호탄교가 보이고 598번 지방도로 영동까지는 2.2킬로미터, 학산까지는 8킬로미터밖에 되지 않는다 .

영동, 무주로 길은 갈리고 저 강물은 들썩들썩 일어나서 어서 가자고 소리를 지른다. 보청천, 갑천, 미호천을 만나고 공주, 부여 지나 서해바다로 흘러가자고, 가서 청천강, 대동강, 임진강, 한강이랑 만나 얼싸안고 흐드러지게, 한바탕 놀아보자고 아우성치는 소리가 들린다.

강변에는 푸른 갈대 잎이 하늘거리고 강물은 은빛 비늘을 자랑하듯 흐른다.

호탄교에 이르기 전 금강에서는 이곳이 아니면 찾아볼 수 없는 습지를 만난다. 단풍잎처럼 푸르고 빨간 마름이 수면 위에 가득 떠 있고 몇 사람은 그 습지 언저리에 앉아 낚싯대를 드리우고 있다. 여정은 호탄교를 지나고 강은 호탄천을 받아들인다.

영동의 과거와 현재

영동은 신라 때 이름이 길동군吉同郡이었고, 경덕왕 때에 지금의 이름으로 고쳐졌다. 1914년 황간현과 합쳐서 영동군이 되었다.

정몽주의 문인으로 조선 건국에 참여했던 조선 초기의 문신 윤상尹祥이 금유琴柔에게 보낸 글에서, "영동은 산수가 맑고 기이해서 시 짓는 것 도울 만한 것이 진실로 많다."고 표현하였다. 속리산과 덕유산 사이에 있는 영동은 동편에는 추풍령이 있고 백두대간이 지나는 곳이며 지금은 경부고속도로가 지나는 중요한 길목으로 추풍령 휴게소가 있다.

영국사 – 공민왕이 피난왔던 절

『정감록비결』의 「10승지지十勝之地」와 비슷한 지형에 자리 잡고 있는 영국사는 충청북도 영동군 양산면 누교리 천태산(지륵산)의 중턱에 있다. 신라 문무왕 8년에 원각국사가 창건하였고 창건 당시의 이름은 만월사였다. 그후 효소왕이 신하들을 거느리고 피난하였던 곳이라는 이야기가 전해온다. 고려 문종 때 대각국사 의천이 중창하면서 국청사로 개칭하였으며 고려 고종 때 감역 안종필이 왕명을 받아 탑과 부도 및 금당을 중건하고 산 이름을 천주산天柱山이라고 하였다.

영국사로 고쳐 부르게 된 것은 고려 제31대 공민왕 때였다. 원나라 홍건적이 개성까지 들어오자 왕은 신하들을 데리고 이원면 마니산성으로 피난을 왔다. 그 당시 국청사였던 이곳에 나라와 백성의 평안을 빌기 위해 온 왕의 뜻을 알아차린 신하와 백성들은 천태산에서 걷어온 칡넝쿨로 구름다리를 만들었다. 구름다리를 지나 절로 간 공민왕은 국태안민을 위해 기도를 계속하였고 그후 양산면 누교리 북서쪽에서 발원하여 남쪽으로 흘러 호탄리 작두골을 거쳐 금강으로 접어드는 호탄은 옛날에 호랑이가 건너다녔던 곳이라 하여 범여울 또는 호탄리라고 부른다. 범여울 밑에는 조개둠벙이란 연못이 있는데 이 마을 사람들이 고기를 잡기 위해 물을 품자 도깨비가 심술을 부려 고기를 몽땅 잡아가고 조개만 남았다는 이야기가 전해온다. 골짜기를 따라가다 왼쪽으로 들어가면 천태산 자락에 영국사寧國寺가 있다.

바깥수머리로 접어드는 고갯길에서 좌판을 벌리고 있는 어르신에게 황금배 세 개를 산 뒤 퍼지고 앉아서 먹는다. 어디를 그렇게 가냐고 묻기에 금강을 따라 걷는다고 말하자, 복숭아 몇 개를 거저 주신다.

바깥수머리 마을에서 대곡리로 가는 나루가 없어지고 다리가 놓였지만 그 다리조차 물 속에 잠겨 있다. 운치 있는 강길은 여기서부터다. 강변에는 차를 세워놓은 채 젊은 남녀가 낚싯대를 드리우고 있다. 건너편 강변의 나무숲에는 백로 떼들이 한가로이 앉아 있고 검은 물새 대여섯 마리가 날아오른다. 그들도 잠시 후면 보금자리를 찾아가리라. 그러나 우리는 아직도 오늘 걸어가야 할 길을 채우지 못했다. 피로한 육체와 정신이 쉴 곳은 어디쯤 있을까?

소나무숲과 소금실들

대곡리에서 송호리까지의 강변 길에는 자갈 밟는 소리가 사각거리고 저물어가는 강변에서 젊은 남녀가 담소하

기원대로 나라와 백성이 편안해지자 부처님께 감사드리며 절 이름을 영국사라고 바꿔 부르게 하였다. 또한 이때 칡넝쿨로 다리를 만들어 건너간 마을은 누교리라고 부르게 되었다. 이 절의 맞은편에는 팽이를 깎아놓은 듯한 뾰족한 봉우리가 있는데 공민왕은 그 봉우리 위에 왕비를 기거하게 하면서 옥쇄를 맡겨두었다고 한다. 그 뒤 조선 세조 때 세사국사가 산 이름을 지륵으로 바꾸었다고 하나 신빙성은 별로 없다.
본래 영국사는 지금 대웅전이 있는 곳에서 천태산의 주봉 쪽으로 100여 미터쯤 들어간 곳에 있다가 이곳으로 옮겼다고 한다. 지방유형문화재 제30호로 지정된 영국사 대웅전은 정면 3칸, 측면 2칸의 다포계 맞배지붕으로 조선 중기 이후의 건축물이다.

영동군 양산면 송호리 부근 | 송호리의 양산장터 뒤편 강변에 위치한 소나무숲은 조선 중엽 밀양공 연안부사가 낙향할 때 황해도 연안의 솔씨를 받아다 뿌렸다고 한다.

는 모습이 한 폭의 그림 같다.

울창한 소나무 숲과 금강이 흘러 송호리라 불리는 마을을 지난다. 이곳의 송호리 유원지에는 양산장터 뒤편 강변으로 약 2만 6천여 평(8,5950.8제곱미터)에 걸쳐 소나무 숲을 이루고 있는데 조선 중엽 밀양공 연안부사가 황해도 연안의 솔씨를 받아다 낙향할 때 뿌렸다고 한다. 현재 약 4천여 그루의 소나무가 시원한 그늘을 만들어내며 여름 피서 때는 수많은 사람들이 찾는 곳이다.

금강변에는 옛날에 용이 승천했다고 전해지는 용바위가 있고 이곳 유지들의 시계詩契를 모아 1938년에 전북 무주군의 한풍루를 뜯어다놓은 금호루라는 정자가 있었다. 정면 3칸, 측면 2칸 팔작지붕 집인 한풍루가 이곳 영동으로 옮겨지게 된 연유는 나카야마라는 일본 여자의 소유였던 이 누각을 다른 일본인을 통해 이곳 양산 가곡리 출신인 이명주李命周라는 사람이 샀기 때문이다. 그러한 사실을 알게 된 무주 사람들과 영동 사람들 사이에는 크고 작은 시비가 연이어 일어났다. 호남의 사대누각으로 손꼽히던 한풍루라는 귀중한 문화재를 어떻게 해서든지 되찾고자 하는 무주 사람들과 이유야 어떻든 합법적으로 사들인 누각을 어떻게 내줄 수 있느냐는 영동 사람들 사이에 갈등이 있었던 것이다.

급기야 '이십여 년 동안 영동에 있지만 우리 것'이라는 무주 사람들의 주장과 '헐어다 지은 이상 그렇지 않다'는 영동 사람들의 주장이 첨예하게 맞서 있는 중에 무주 유지

법천사지 지광국사 현묘탑

국보 제101호로 지정된 고려시대 유물로 승려 지광국사 해린의 사리를 모신 부도다. 4각 평면을 기본으로 하는 양식으로 7단의 기단위에 사리를 모시느 탑신을 두고 그 위에 머리 장식을 얹었다. 원래 전남 무안의 법전사터에 있던 것인데 일제 시대 일본 오사카로 몰래 빼돌려졌다가 반되었다.

들로 구성된 '한풍루 복구추진위원회'가 영동 군민들이 어떠한 요구조건을 내걸어도 따르겠다고 진정해서 겨우 무주로 되돌려졌다.

일제 때 수난 당한 문화재가 어디 금호루뿐인가. 수많은 귀중한 문화재들이 일본으로 유럽으로 나간 뒤 돌아올 줄 모르고 있다. 경복궁 안에 있는 법천사지 지광국사 현묘탑을 비롯한 몇 점의 국보가 되돌아왔고 군산 발산리의 불교 유물들은 고산 봉림사에서 일본인 사마타니에 의해 군산으로 옮겨졌지만 지금도 원래 있던 자리로 돌아가지 못한 채 타향살이를 하고 있다.

강선대를 노래한 시

조선 광해군 때의 문신 동악東岳 이안눌李安訥은 강선대의 절경을 이렇게 노래했다.

"하늘 신선이 이 대에 내렸음을 들어나니/옥피리가 자줏빛 구름을 몰아오더라/아름다운 수레 이미 가 찾을 길 바이없는데/오직 양쪽 강 언덕에 핀 복사꽃만 보노라/백척간두에 높은 대 하나 있고/비 갠 모래 눈과 같고 물은 이끼 같구나/물가에 꽃은 지고 밤바람도 저무는데/멀리 신선을 찾아 달밤에 노래를 젖는다."

소나무 숲 안쪽의 소금실들은 옛날에 금강의 물길을 거슬러 삼남 일대의 배들이 다녔던 소금 집산지로 명성이 자자했다. 그러나 큰 홍수가 나며 강줄기가 변경되면서 일대가 들판이 되고 말았다.

또한 이곳은 "양산을 가세, 양산을 가요. 모링이 돌아서 양산을 가요. 난들 가서 배 잡아타고 양산을 가세, 양산을 가요. 자라가 논다, 자라가 논다. 양산 백사장에 자라가 논다. 양산을 가

강선대 | 하늘에서 신선이 내려와 옥퉁수를 불었다는 강선대.

세, 양산을 가요. 장끼가 논다, 장끼가 논다. 양산 수풀 속에 장끼가 논다."라는 「양산가」의 고장이다.

양산 8경과 그에 얽힌 전설

충북 영동군 양산 금강 일대의 산천이 빚어낸 아름다운 경치 여덟 개를 일컬어 양산 8경이라 부른다. 영국사, 봉황대, 비봉산, 강선대, 함벽정, 여의정, 용암 자풍당이 그것이다.

강선대降仙臺는 봉곡리 강가에 있다. 바위 절벽이 솟아올라 높직한 대를 이룬 곳에 노송 몇 그루가 서 있다. 꼭대기의 정자에 오르면 굵다란 소나무들 사이로 강물과 먼 산줄기가 상쾌한 풍경화를 그려낸다. 이곳 강물에 바위 위에 구름이 자욱하더니 하늘에서 신선이 내려와 옥퉁수를 불며 노닐었다는 전설이 서려 있다. 또한 선녀가 내려와 목욕하며 놀았다는 전설도 전해온다. 같은 봉곡리에 있는 함벽정涵碧亭은 송호리에서 50미터쯤 올라가면 있는 강 언덕 반석 위에 세워진 정자로 옛 시인들이 시를 읊고 학문을 강론하던 강당이다.

양산가의 여의정如意亭은 노송이 우거지고 사철 정경이 아름다운 곳에 자리 잡고 있다. 강 가운데에는 용암龍巖이 우뚝 솟아 있다. 강선대로 내려와 목욕하는 선녀를 훔쳐보던 용이 격정을 참지 못하고 다가가자 선녀는 놀라서 도망가고 용은 그 자리에 굳어 바위가 되었다는 전설이 전해온다.

자풍당資風堂은 두평리 양강가에 있는 서당이다. 조선 초기에 창건되어 풍곡당이라 하였는데 광해군 6년(1614)에 한강 정구가 이곳에서 자법정풍資法正風으로 강학하였으므로 자풍서당이라 이름을 바꾸었다고 한다. 여러 차례 중수를 거쳐 오늘에 이른 자풍당 건물은 정면 5칸 측면 2칸의 맞배지붕으로 충청북도 유형문화재 제73호이다. 자풍당의 글 읽는 소리 또한 양산 8경 중 하나로 꼽혀왔다.

양강 들머리의 수두리에 있는 봉황대鳳凰臺는 옛날 봉황이 깃들던 곳이라 하여 조망이 매우 아름다운 곳이다. 비봉산飛鳳山은 수두리 건너편 가곡리에 있고 낙조가 아름답기로 유명하다. 옛날에는 고충산 또는 남산이라 했었는데 봉황이 하늘을 나는 형상이라고 하여 비봉산이라 불리게 되었다고 한다. 용소봉에서 뻗어내려 한창 크고 있을 때 물동이를 이고 가던 동네 아낙이 "산이 크는 것 좀 보소." 하고 소리치는 바람에 그만 주저앉고 말았다는 전설이 서려 있다.

송호 유원지 금강 가에는 플라타너스 나무와 소나무 숲이 울창하고 멀리서 보면 강선대의 소나무도 한껏 푸르르다. 하지만 이곳도 예외는 아닌 듯 쓰레기가 널려 있다. 강의 절반이 쓰레기라 해도 과언이 아니다.

어렵게 민박을 정한 뒤 선짓국으로 저녁을 먹으며 소주 한잔을 마시고 자리에 눕자 나른하게 피로가 밀려온다.

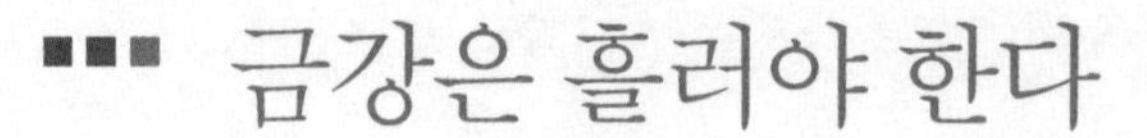

금강은 흘러야 한다

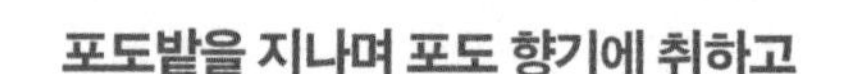

포도밭을 지나며 포도 향기에 취하고

두 번째 구간 마지막 날이다.

"금강은 흘러야 합니다. 그것도 깨끗하게 흘러야 합니다. 이번 답사의 명제입니다."

아침을 먹으며 김재승 회장이 힘주어 말한다. 오늘은 오현신 선생과, 홍현희 선생이 격려 응원차 하루 일정을 같이 걷기로 했다. 강선대를 바라보면서 하루 길을 나선다.

봉곡교 다리 아래로 강물이 흐른다. 길가에 국화는 아직 일러 피지 않았고 쑥부쟁이만 피어 바람에 흔들린다.

옛날 양지산에서 봉황이 울었기 때문에 미랭이 또는 명양이라 부르는 마을 입구 빨래터에서 두 아낙네가 빨래를 하고 있다. 큰 강이 곁에 흘러도 빨래터가 없으므로 논 가운데 샘을 파서 빨래를 하는 것이다. 그러나 지금이 어느 때인가. 집집마다 세탁기 없는 집이 없을 텐데, 이 샘가에서 빨래를 하는 연유는 무엇일까?

"시골 빨래는요, 너무나 찌들어서 빨래가 잘 안 돼요. 집집마다 세탁기는 다 있는디, 여름에는 시원한 물이 나오고 겨울에는 따뜻한 물이 나옹게 다 여그 와서 빨래 혀요. 이곳은 명양인디 미랭이라고 혀야 더 잘 알아들어요. 여그요 몇 집 안 되야요. 많이 살았는디 다 떠나갔시요."

명양 마을 빨래터 | 명양마을 우물가에서 빨래하는 아낙네들.

집집마다 처마 밑까지 참깨 다발이 쌓여 있고 주인이 떠나간 빈집에는 풀섶만 무성하다. 포도밭을 지나는데 포도향이 물씬 난다. 구강리로 넘어가는 고갯길에는 서늘한 바람이 분다.

자그마한 논 다랭이마다 무르익어가는 벼이삭들 속에 새카만 피가 껑충하게 솟아 있다. 어린 시절 저 피를 뽑아 끝에다 침을 발라 웅덩이의 개구리에게 내밀면 개구리는 그 피를 냉큼 삼켰다. 놓칠세라 힘껏 당기면 그 힘에 따라 올라오던 그 개구리들. 그러나 이젠 농약 사용이 늘어나면서 개구리도 예전처럼 흔하지 않다.

산구만동 마을을 지나 구만동 마을에 접어든다. 옛날 아홉 명의 큰 부자가 살았다고 해서 구만동이라 불리는데, 그래서인지 마을 모습이 예사롭지가 않다. 구강교 아래에는 등산복 차림의 사내들이 갈쿠리를 들고 수석을 채취하고 있다. 저렇게 수집해간 수석들을 집에다 놓고 보면 무엇이 다르고 또 돈을 벌면 얼마나 벌겠는가. 우리 국토를 돌아다니다 보면 도처에 수석이 있고, 도처에 분재가 가득한데, 무슨 재미로 저렇게 금강변을 소요하고 있는지 안타깝다.

길게 뻗은 제방 뚝 너머가 예전엔 모래펄이 뒤덮인 강변이었으리라.

마니산

마니산은 동서로 1,300미터의 병풍을 두른 듯한 기암절벽이 절경을 이루고 천연적인 성 역할을 했다. 그래서 삼국시대에 암벽을 토대로 동으로 1,000미터의 성을 쌓았다고 한다. 홍건적의 난 당시에는 고려 공민왕의 난을 피하기 위해 노국 공주와 머물렀던 어류산과 불공을 드리던 마루사 절터가 서쪽에 있고 왕자의 출생시 태를 봉안한 태봉이 마니산 주변에 남아 있다.

마니산 농원과 심천유원지를 지나며

죽산리 석바탱이 마을 뒤편 마을이 비암칭이다. 지형이 뱀이 똬리를 튼 것처럼 생겼다고도 하고 옛날 이곳에 살던 박씨 성을 가진 선조의 호가 비얌이었다고도 한다.

이곳 금강에서 멀지 않은 곳에 마니산이 보인다. 영동군 양산면 · 심천면과 옥천군 이원면에 걸쳐 있는 이 산은 높이가 640미터이며 돌로 쌓은 산성이 있다. 고려 공민왕이 홍건적이 쳐들어왔을 때 노국 공주와 피난하였다는 이야기를 지니고 있는 이 산 아래에는 사방으로 둘러싸인 중심이라는 마을이 있으며 이곳에 마니산 관광농원이 조성되어 있다. 마을 초입 금강변에는 열두 작두라는 이름의 모퉁이 길이 있었다.

심천 일성대 부근 | 일명 지프내라고 부르는 일성대 부근을 휘돌아가는 금강.

길은 심천면에 접어들고 햇살은 따갑다. 이곳 영동군 일대를 흐르는 강물을 심천深川 또는 물이 깊어 지프내라 부른다. 이곳은 경부선 철도가 통과하는 지점으로 교통의 요충지이며 경치가 아름다운 곳으로 유명하다. 근처에 초강草江, 심천유원지, 옥길폭포 등의 명승지가 있다.

일성대一星臺에서 내려다보는 금강은 짙푸르고 강 건너 맑계리 쪽의 소나무 모래펄은 넓고도 멀다. 잠시 흐르는 땀을 닦고 새참을 먹으며 흐르는 금강물을 내려다본다.

우리가 바라보는 저 건너편에는 청암나루라는 나루터

가 있었다.

기호리 어류산 아래 태소太沼마을 앞에는 큰 못이 있었고, 숲이 우거져 있어 이곳 어류산에서 공민왕이 머물렀다고 한다.

강은 이곳에서부터 반듯하게 펼쳐져 있다. 넘마마을 민가 담벼락에는 자주색 나팔꽃이 한창이고 '깨끄탄'이라는 글씨가 새겨진 모자를 쓴 농민이 경운기를 타고 간다. 우리말이 어디에서 어디까지 변해갈 것인가.

대전 직진, 심천 좌회전 4번 국도를 따라가노라니 마곡-심천간 도로포장공사 현장에서 단학마을 표지판이 나타난다.

강 건너 금정리의 유적지에선 1985년 발굴 당시 빗살무늬 토기편과 화살촉, 그물추 등 여러 종류의 유물이 발견되면서 학계의 관심을 끌었다. 그 중 1990년 5월에 신석기 시대 사람들이 사용하였을 것으로 추정되는 돌도끼가 발견되어 당시의 생활상을 유추해볼 수 있는 귀중한 단서를 제공하기도 했다. 또한 공민왕이 신하들과 함께 국사를 논의했기 때문에 이곳 뒷산을 국사봉이라고 부른다.

점심을 먹으며 김재승 회장이 내게 말을 건넨다.

"금강을 너무 아름다운 시절 9월에만 보아서 아름답다고만 쓰시지나 않을지 모르겠습니다."

나는 능청을 떤다.

"그런데 제가 금강을 보기나 했습니까? 저는 비 내린 흙탕물만 본 것 같은데요."

일성대

일성대는 100여 년 전 박래규라는 사람이 세웠던 것을 1973년에 시멘트로 새로 지어 옛 모습을 찾을 수 없다. 이 정자에는 다음과 같은 배석문褒錫文이 씌어 있다.

"이곳은 문무백관이 거문고를 튕길 만한 곳이며, 세상을 등지고도 쓸쓸하지 않게 살 만한 곳이다. 중국의 증자가 영태靈台에서 제자를 가르쳤듯이 이곳에서도 강론을 할 만한 곳이다. 산수가 아름다워 성현들이 능히 모일 만한 절경지이다."

태소마을 | 고려의 공민왕이 머물렀다는 어류산 자락의 태소마을.

탁하던 강물이 이곳에 오면서 조금씩 맑아지듯이 저렇게 흐르며 정화되고 맑아지는 것이 자연의 섭리일 것이다. 그러한 자연을 어떻게 인간이 만물의 영장이라는 말 같지 않은 말로써 보호한다고 말하겠는가.

박연의 혼을 기린 고당리 난계사

금송가든을 지나며 강은 또 한번 우리 나라 지도와 닮은 모습을 보여준다. 갑자기 포플러나무 아래로 바람이 소리를 내며 지나가고 강은 앞으로 돌격하듯이 서둘러 흘러간다.

아스팔트가 끝나면서 비포장도로가 나타나고 고갯마루를 올라서자 고당리에 도착한다. 이곳 휴게소에서도 역시 도리뱅뱅이를 팔고 있었다. 마을 주민에게 주로 잡히는 어종이 뭐냐고 묻자, 이 고장 일대에서는 빠가사리와 붕어가 많이 잡힌단다.

난계 박연이 태어났기 때문에 고당리라고 이름 지은 이곳은 지도에서 보면 남자의 성기를 닮았음을 알 수 있다. 김재승 회장은 "아무래도 날근이는 남근처럼 생겼기 때문에 남근이라고 부르다가 날근이라는 이름으로 변형된 것이 아닐까." 하고 말한다. 나도 정확히는 모르겠다며 아직 해가 남았고 초강이 합류하는 지점까지 가보면 알지 않겠느냐는 말을 주고받으며 걸어가니 고당 초입에 다다른다.

양산 8경을 빚고 내려온 금강 줄기가 영동 땅을 떠나기 전 다시 한번 둥그렇게 휘감기는 영동군 심천면 고당리에

박연

조선 세종 때 음악이론가로 크게 활약한 박연은 거문고의 왕산악, 가야금의 우륵과 함께 우리 나라 3대 악성의 한 사람이다.

고당리에서 고려 우왕 4년(1378)서른네 살이 되던 해 집현전 교리로 벼슬을 시작한 박연은 사간원 정언, 사헌부 지평 등을 거쳤다. 세종 즉위 후에는 『관습도감』 제조에 임명되어 음악 분야에 전념, 우리 나라 음악의 기반을 닦았다. 향악과 당악, 아악의 율조를 조사하고 악기 보법 및 악기의 그림을 실은 악서를 편찬하였다. 또 각종 아악기를 제작하고 '조회악', '회례아악'을 창제하였으며 종묘악을 정돈하는 등 국악 전반에 지대한 업적을 이루었다.

특히 국산 편경을 만든 것은 그의 큰 공으로 꼽힌다. 편경은 두께가 각기 다른 기역자 모양이 경돌 16개를 아래 위 두 단으로 매달아 두드리는 가락 타악기이며, 온도와 습도의 영향을 가장 적게 받으므로 모든 다른 악기 조율의 기준이 된다.

그가 만든 종묘제례악은 조선 왕조가 무너진 지 오래인 오늘날에도 서울 종묘에서 엄숙하고 장엄하게 연주되고 있다.

박연은 공조참의, 중추원사를 거쳐 예문관 대제학에까지 이르렀으나, 수양대군이 김종서와 황보인 등 단종의 측근 대신들을 없애고 실권을 잡은 계유정난 때 아들 계우가 죽음을 당했다. 박연은 여러 가지 공을 세운 원로대신으로 인정받아 목숨을 건진 채 파직되었다. 이곳 고향으로 내려온 박연은 그로부터 5년 후 여든한 살의 나이로 세상을 떠났다.

난계 박연의 사당인 난계사가 있다.

박연의 뜻은 이곳 고당리에 오랫동안 묻혀 있다가 1972년 이곳에 난계사를 세우고 그 문화재적 가치를 인정받아 지방 문화재 제8호로 지정되었다.

길가의 나무마다 아직 새푸른 백수오가 주렁주렁 열려 있다. 휘감고 올라갈 나무를 찾지 못한 백수오 넝쿨들이 전봇대까지 감고 올라가는 그 끈질긴 생명력에 새삼 감탄을 보내는 사이 휴대폰에 문자 메시지가 들어온다.

"소장님 추석 잘 보내세요."

누굴까? 전화를 해도 받을 수 없는 지역이란다.

난계사 | 난계 박연을 추모하는 의미로 1972년 이곳에 난계사가 세워졌고 지방 문화재 제8호로 지정되었다. 가을마다 이곳에서 난계 예술제가 열린다.

날근이 가는 길은 완만하지 않다. 채성석 씨와 김 회장은 나무를 꺾어들고 우거진 수풀을 두드리며 "뱀들아, 우리 가까이 하지 말고 좀 멀리 지내자."라고 소리친다. 길 없는 길이 끝없이 이어지더니 자갈길이 나타난다. 강은 급하게 여울져 흐르고 이럴 땐 수석을 줍는 사람처럼 자갈만 보며 걸을 수밖에 없다.

날근이 마을 | 날근이 마을에서 덕유산에서부터 비롯된 초강이 금강으로 들어간다.

끊어진 길이 다시 이어지고

길은 끊어진다. 눈앞에는 아직 시공 중에 있는 다리철판에 장마 때 떠내려온 온갖 쓰레기 더미들이 산처럼 쌓여 있고 물은 드세게 흐른다. 어쩐다. 돌아가자니 갈 길은 멀고, 산을 넘기로 한다. 길도 없는 가파른 산길을 넘어서자 바로 날근이 가는 길이다. 날근이 마을을 지나며 지나가는 경부선 열차를 본다. 기차는 기적소리 울리며 시야에서 멀어지고 제방까지는 200여 미터가 남았다. 우리는 지금 초강을 만나러 가는 길이다. 무주 덕유산에서부터 발원하여 심천면 심천리에서 금강에 합류되는 초강은 강 건너에서 검푸르게 흘러들고 있었다.

"많이도 흘러왔구나, 금강이여. 많이도 걸어왔구나, 우리의 아픈 발이여." 나는 강과 내 발에게 한마디 한다.

드디어 제방에 서서 푸른 강줄기를 바라다본다.

안동의 하회마을보다 물이 더 많이 휘감아도는 이곳 날근이에서 금강은 초강물을 받아들이며 얼싸안고 힘 모아 흐를 것이다.

맑은 강물 위로 백로 한 마리 날아오르고 두 번째 여정이 여기서 막을 내린다. 155킬로미터. 9월 초하루 그날 우리가 보았던 그 강물은 지금 어디쯤 가고 있을까?

초강과 금강이 합류하는 이 지점에서 두 번째 구간의 마침표를 찍으며 이곳이 고향이었던 박일문 시인의 시 한 편을 떠올렸다.

금강에서

박일문

신탄진을 지나고 금강을 건너며
청청한 강심 곁에 와 우리들 노곤은 잠시 머문다.
유유한 금강은 사랑과 증오를 적시는 그리움처럼
가슴에 새겨진 추억의 문신을
쓰다듬는다.
읍내의 어둠은
우리에게 정열적인 사랑을 요구한다
그러나 우리 이제
하룻밤만의 사랑을 위해 몸을 버릴 순 없다.

눈 그름 위로 번져나는 눈물 몇
말로 만들 수 없는 생각 몇
바다로 나가는 수면 위에 던지고

오래도록 사랑할 애인들을 위하여
가슴을 덥혀야겠다.
어둠의 길목에서 혹은
썰렁한 대합실에서
잠들지 않고 우리를 맞는 따스한 손과 만나야겠다.
술잔을 따르던 익숙한 손들과
따스하게 악수하고 싶다.
우리는 이제 어디로 가는 것일까.
금강은 떠나고 우리는
언제나 이렇게 헤어졌다.

그것을 사는 것이라 이야기할까
사랑이라고 이야기할까.

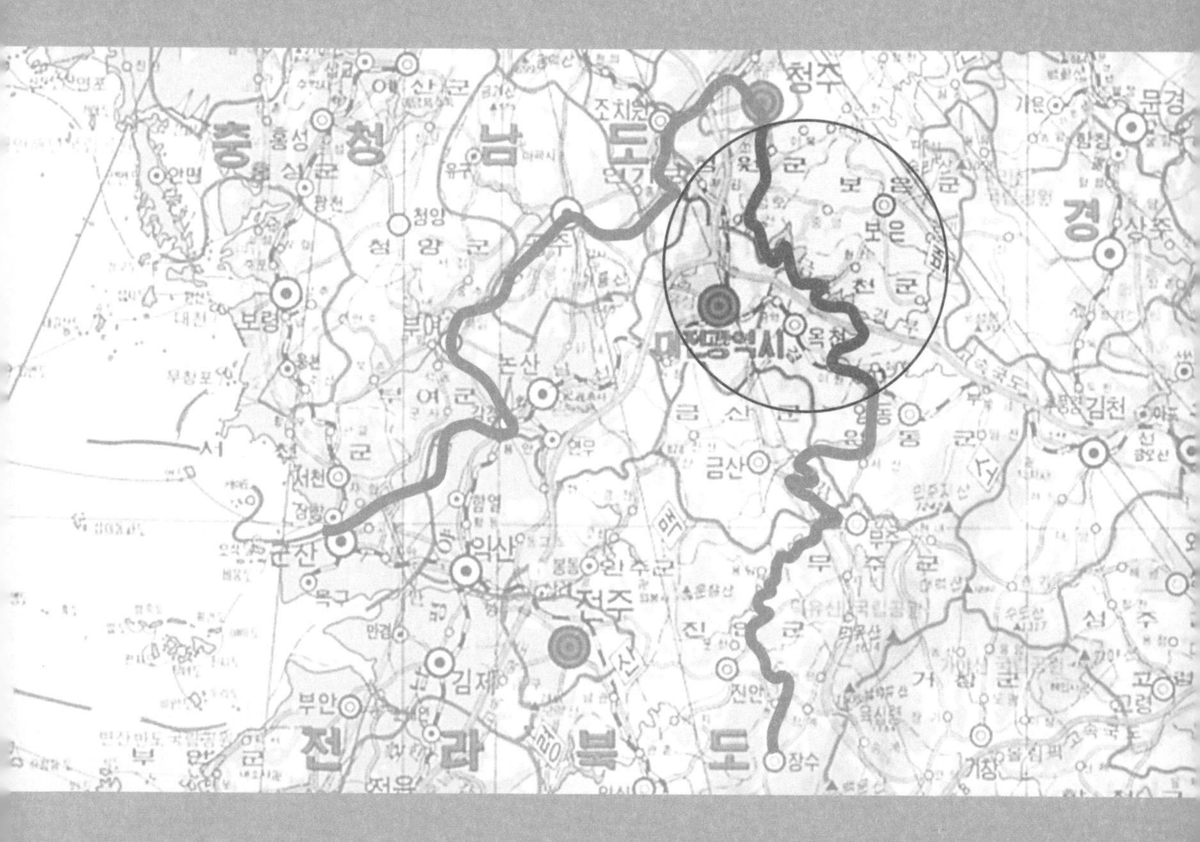

3구간

고당리에서 갑천까지

무슨 바람이 불어 예까지 흘러왔나
대청호 물길에는 애달픈 사연만 깃들고

무슨 바람이 불어 예까지 흘러왔나

양강으로 불리는 금강에서

9월 17일 3구간 첫날. 가는 차 안에서 김동수 국장은 "지난 여름방학 때 6일 동안 금강을 답사했지만 며칠 다닌 것을 가지고 어떻게 금강을 감히 안다고 말할 수 있겠느냐."며 금강의 본류나 지류 할 것 없이 그렇게 오랫동안 답사했는데도 어느 자리에서나 금강을 안다고 자신 있게 말할 수 없는 자신이 안타깝노라고 토로한다.

그렇다. 한 길 물 속도 제대로 모르는 우리가 이렇게 한 번 강을 따라 걸었다고 금강을 다 보았다고 말할 수 있겠는가.

차는 봉동을 지난다. 오랜만에 햇살이 내비치고 태풍이 지나간 이 땅은 바람 한 점 없다. 다행히 예전만큼 전국적인 피해는 없고 경상도 일대에만 큰 피해가 났다. 고당리에 도착. 어깨를 펴면서 몸을 푼다. 이번 여정에는 김재승 회장과 초등학교 동창생인 전민용 씨가 합류하고 채성석 씨는 오늘 11시나 오후 4시쯤이 고비가 될 것 같다며 다리 운동을 열심히 한다.

초강을 받아들인 금강은 이곳에서 양강으로 불린다. '강이 굽이쳐 흐른다'고 해서 구미여울 또는 구미탄으로 불리는 구탄리를 거쳐 옥길동 마을로 흐른다.

강은 탁하다. 며칠 동안 이 나라를 스치고 간 태풍으로 강물이 불어날 대로 불어 쏜살같이 흐르고 강 건너 산들도 아직 짙푸르다. 왼쪽 1킬로미터 지점에 옥계폭포가 있고 천국사라는 절이 있다. 이곳 옥계폭포에서 박연이 자주 대금을 연주했다고 하고 우암 송시열 역시 이 옥계폭포를 즐겨 찾았다고 한다.

길은 영동군 심천면에서 옥천군 이원면으로 접어든다.

남수문南秀文이 옥천 향교의 기문에서 "옥천은 충청도의 이름 있는 고을이다. 산이 높고 물이 맑으며, 땅이 기름지고 물산이 풍부하다. 맑은 기운이 모이는 곳으로 영특한 인재들이 여기에서 나온다. 그러므로 선비들의 학문이 다른 고을에 으뜸간다."라고 말한 바 있다.

노란 달맞이꽃이 고사리 손을 흔드는 어린애의 미소와 닮았다. 나무 한 그루, 풀 한 포기, 시 한 구절을 알지 못해도 세상을 사는 데는 아무런 지장이 없는데 이 바쁜 세상에 무슨 할 일이 없어 천 리 길을 걷는단 말인가. 그러나 푸르름으로 흔들리는 강변을 걸어본 사람만이 그 그윽한 맛을 알리라.

옥계폭포 | 천오산의 약산에서 흘러내리는 옥계폭포는 사람의 하체 부분에 해당된다. 여인을 상징하고 있는 폭포 정상에는 3.4미터 정도 깊이의 선녀탕이 있어 여인의 옥수처럼 항상 물이 마르지 않고 흐른다고 한다. 그리고 날씨가 좋거나 특별한 날에는 하늘의 선녀들이 선녀탕에 내려와 목욕을 하고 간다는 이야기가 전해온다.

천국사 | 옥계폭포 가는 길 옆에 있는 절 천국사.

포장도로인데도 발부리에 자꾸 자갈이 걸린다. 작업용 차량에서 떨어진 자갈이다. 대전 33킬로미터, 옥천 14킬로미터. 길은 길대로 뻗어 있고 강은 강대로 유유히 흐른다. 쑥부쟁이꽃들의 눈부신 향내를 맡으며 지탄리를 건너는 514도로가 갈라지는 원동리에 이른다.

지금도 어름치가 살고 있을까

며칠간 쉬었음에도 그새 다리와 발목이 무겁기만 하다. 이제 시작이다. 해가 지려면 아직 멀었는데 내 다리는 과연 그때까지 무사할까? 그렇지만 대전에서 내려온 김정호 씨와 서울에서 내려온 몇 분이 더 합류한 것이 그나마 위안이 된다.

적등진 나루 | 충청도에서 경상도로 가는 길목에 있던 적등진 나루에 이원대교가 있고 경부선 철길이 이어져 있다.

경부선 열차가 지나는 철교가 보이는 이곳에 옛 시절 적등진이라는 나루가 있었다.

금강에는 그러한 나루가 여러 곳 있었다. 금강 입구에서부터 용당진, 남당진, 청포진, 강진, 웅진, 적등진, 닥실나루 등이 자연발생적으로 만들어져 수많은 사람들의 애환을 실어날랐다. 이곳 적등원赤登院에 있던 적등진나루는 옥천과 영동의 중간에 위치한 나루터라 영남지방과 호서지방을 잇는 중요한 길목이었다. 추풍령을 넘고 금강을 건너 서울로 통하는 요충지였던 이곳 적등원 옆에는 적등루가 있었다.

몇 년 전 한겨레신문사 문화센터 답사팀과 금강 답사를 하면서 이곳에 있는 고향집에서 하룻밤 묵은 적이 있다.

기적을 울리며 지나가는 기차 소리에 그 밤은 제법 운치 있을 것이라고 기대했는데 몇 분 간격으로 쉴 새 없이 지나가는 탓에 제대로 잠들지 못했었다. 그러나 그곳에 사는 사람들은 아무렇지도 않게 일 년 열두 달 잘 지내고 있으니 사람이란 어떠한 환경에서도 적응한다는 말이 맞는 것 같다. 사람만이 희망이 아니고 사람만이 대단하다고 표현해야 할까.

산길을 돌아 다리로 나가는 길에 집 한 채가 있는데 문은 열쇠로 굳게 잠겨 있다. 그런데 바로 옆 화장실에 빨간 페인트로 서툴게 '바로 여기가 쉬' 라고 씌어 있는 게 아닌가. 나는 문득 충남 천안 광덕사의 범종각 앞에 단정히 놓여 있던 표지판의 '그대 발길 돌리는 곳' 이라는 푯말이 떠올랐다. 우리가 무심하게 쓰고 있는 모든 안내판이나 표지판도 어차피 만들어야 한다면 되도록 '해우소(근심을 푸는 곳)' 또는 온달산성 근처에 있던 '비탈진 곳 구비 돌아' 처럼 아름다운 이름들을 짓는다면 그것을 접하는 사람들의 마음이 얼마나 순화될까 생각해본다.

내가 서 있는 이원대교 초입에 세워진 표지판에는 이곳 일대에 천연기념물 제238호인 어름치가 살고 있다고 기록되어 있지만, 1990년대 이후 조사 결과에 의하면 멸종된 것으로 알려져 있다. 그리고 맑은 여울에 서식하는 구구리와 돌상어, 금강모치 등은 급속도로 줄어들고 있다. 금강의 대표적인 어류인 감돌고기와 미호종개, 통사리 등도 거의 사라져 멸종 위기에 이르렀다.

옥천과 적등루에 대한 옛 기록

옥천은 사무가 번잡한 고을로 남기의 주집이다. 서울에서 충청도로, 충청도에서 경상도로 가는 길목이어서, 사신과 여행자들의 오가는 물굽과 수레가 날마다 서로 잇따라 있다. 군의 동남쪽 30리쯤에 속읍이 있으니 이산이라 하고, 강이 있어 넓이 수십 리에 가로질렀으니 적등이라 한다. 그 위에 원이 있고 누각이 있으니 참으로 큰 길거리의 중요한 곳에 자리 잡고 있다. 큰 더위 때나 몹시 추울 때나, 모진 바람과 비오는 괴로운 날에 길 가는 이들이 여기에 와서 머물게 되고, 혹은 물을 건너기 어려울 때나 길이 늦었을 때, 마소가 모자라거나 도둑의 염려가 있을 적에는 여기서 쉬거나 누에 올라 구경하기도 하고, 자고 묵기도 한다. 추울 때는 따뜻하게 해주고 더울 적에는 서늘하게 해주니, 사람들에게 덕을 줌이 어찌 적다 하겠는가. 그러나 건물을 지은 지가 오래되어 헐어서 거의 없어지게 되었다.

-서거정의 「기문」

구룡리 | 송시열이 태어난 용방리 구룡촌을 근처를 흐르는 금강.

금강 상류에 서식하는 어름치(멸종), 금강모치, 감돌고기, 구구리, 돌상어 등은 우리 나라 특산 어종으로 이 일대가 그 분포의 최남단을 이룬다. 그런 까닭에 이곳에 서식하는 물고기들은 동물지리학적으로 매우 주목되는 어종이며 한강 등지에 분포하는 같은 어종과는 완전히 다른 의미를 갖는다. 금강 상류와 한강 상류, 압록강 상류에 동시에 분포하는 금강모치는 오래 전 이 강들이 '대황하'(빙하기 때 서해 일대를 흐르던 커다란 강)로 서로 연결되어 있었음을 보여주는 중요한 지표종이기도 하다. 이들이 이미 멸종된 어름치와 금강에 살고 있다는 기록만 남아 있는 배가사리의 뒤를 잇지 않기를 바랄 뿐이다.

적등진 나루는 역사 속에나 남아 있지만 아직도 금강이 두 갈래로 흐르는 것처럼 보인다 하여 가래여울이라고 불리고 있다. 흐리고 탁한 저 강물도 시간의 흐름 속에 다시 맑아질 것이고 저 강은 흘러 바다로 가서 우주 순환의 법칙 속에 이곳으로 다시 내려 흐를지도 모른다.

홍수가 나거나 태풍이 불면 옛 사람들은 이 적등진 나루에서 섬에 갇힌 것처럼 며칠간이나 강물이 줄기를 기다렸다고 한다. 경부선 열차는 찰카닥 찰카닥 소리를 내며 지나가고 강가의 모든 풀들은 강물의 범람으로 쓰러져 있다.

제방 아래 길을 따라가자 발길은 용방리 구룡마을의 들머리에 이르고 금강은 그곳에서 이원천을 받아들인다. 아무래도 강물이 불어 강기슭을 따라가는 것은 불가능할 것 같아 구룡마을 뒷산을 넘기로 한다.

송시열이 태어난 구룡리

구룡리 또는 구룡촌이라고 부르는 이 마을은 뒷산 봉우리가 아홉이며 구룡쟁주형의 명당이 있다고 한다. 그래서인지 이 마을에서 조선시대의 큰 학자 우암 송시열宋時烈이 태어났다. 이곳 구룡리에는 송시열의 출생지를 기념하기 위하여 세운 송우암 선생 유허비와 송시열의 영정을 모시고 해마다 제사를 지내는 용문 영당이 있다.

모양이 반달처럼 생겼다 해서 다리산, 또는 월이산이라고 부르는 산 너머로 구름은 쉴 새 없이 흘러가고 논에서는 농민들이 쓰러진 벼를 세우느라 허리 펼 겨를이 없다.

기린골에서 강으로 내려가는 길은 숲이 우거져 앞을 볼 수가 없다. 그러나 이 길 역시 사람들이 다니던 길이라서 못 갈건 없다. 한참을 내려가자 드디어 강이다.

200여 미터 걸었을까? 옥천 정수장이 나타나고 그 아랫녘 칠방리에는 그림 같은 별장이 지어져 있다. 길이 없어 그 별장 안을 통과할 수밖에 없다. 길은 강물이 불어난 탓에 강 속으로 숨어들고 강물은 소리를 지르며 쏜살같이 달려간다.

옥천 학생 야영장에서 해군본부에 근무하고 있는 류근영 중령과 합류하여 일행은 9명으로 불어났다. 평촌 야영장 나무 그늘 밑에 앉아 잠시 쉬며 흐르는 강물을 내려다본다. 여정은 충북 옥천군 동이면으로 이어진다. 적하리는 적령리와 하리를 병합하여 만든 행정구역이고 그곳에는 용소마을, 대밭마을이 오순도순 펼쳐져 있다.

송시열 비각 | 우암 송시열의 행적을 새긴 비각.

송시열

송시열은 조선 선조 40년 충북 옥천군 이원면 용방리 구룡촌의 외가에서 태어났다. 송시열의 아버지 송갑조는 송시열이 태어나기 전날 밤 종가의 제사를 모시러 청산에 가 있었다. 그날 밤 꿈에 공자가 제자들을 거느리고 와서 한 제자를 가리키며 "이 사람을 그대에게 보내니 잘 가르치게." 하였다. 그런 연유로 이름을 '성인이 주신 아들'이라는 뜻으로 '성뢰'라 지었고 자는 영보, 호는 우암 또는 화양동주였다.

어려서부터 함께 공부한 송준길은 평생 학문과 정치 생활의 동료였고 송시열은 스물다섯 살 때 사계 김장생의 문인이 된다. 김장생이 죽은 그 이듬해부터 그 아들인 신독재, 김집에게 배웠고, 인조 11년 생원시에 장원급제한 후 봉림대군의 스승이 되었다. 병자호란 당시 임금을 모시고 남한산성에 들어갔지만 성이 함락되고 소현세자와 봉림대군이 청나라에 볼모로 잡혀간 뒤 낙향하였다. 봉림대군이 임금으로 즉위한 1649년부터 정국의 중심에 서서 정사를 쥐락펴락했던 송시열은 숙종 15년(1689) 장희빈이 낳은 아들(훗날의 경종)에게 원자 호칭을 부여하는 문제를 둘러싼 기사환국의 와중에 세자책봉을 반대하는 상소를 올렸다가 숙종에 의해 제주도로 유배되고 만다.
1689년 숙종은 "그의 죄악은 국문하지 않아도 여지없이 나타났으니 도사가 약을 가지고 가다가 그를 만나는 대로 사사하라."는 영을 내렸다. 송시열이 국문을 받으러 올라오던 중 전라도 정읍에서 사약을 받을 때 거적 한 장만이 깔려 있었다. 제자들이 자리가 누추하니 바꾸자고 권유하자 송시열은 "우리 선인(아버지)께서는 돌아가실 때 이만한 자리도 못 까셨네."라고 거절한 뒤 사약을 마셨다. 그의 나이 83세였다. 기호학파에서는 송시열을 공자, 맹자, 순자처럼 송자로 떠받들고 있지만 영남지방에서는 오늘날까지도 개를 사오면 시열이라는 이름으로 불리는 수모를 겪고 있다.

압구정 부근의 금강 | 동이면에서 압구정 정자 부근을 휘돌아가는 금강.

학사고개는 가파르지 않다. 양쪽에 있는 산의 모양이 학이 나는 것처럼 생겼다 해서 이름 지어진 학사골에서 우리가 점심을 먹기로 한 솔밭골까지는 멀지 않다. 멀리 경부고속도로가 보이고 강은 여전히 흙탕물이 된 채 서둘러 흐른다.

금암리 압구정 가든에 들어가 점심을 먹는다. 세조 때 사람 한명회가 한강 남쪽에 지었던 압구정과 같은 이름인 이곳은 고려 말에 전송로라는 사람이 용암말 동쪽에 지은 정자다.

금강 휴게소에서 한숨 돌리다

경부고속도로 금강 2교 위로 자동차가 쌩쌩거리며 지나가고 강 건너 나무숲은 짙푸르다. 바람이 분다. 살아야겠다, 살아봐야겠다. 소리치듯이 바람이 분다.

솔밭마을을 지나 강을 따라가는 길은 평안하고 그래서인지 유 중령의 노랫소리는 더없이 맑다. "앞산과 시내는 예같이 흐르고 하늘은 맑은데 바람은 우수수" 그 노래의 뒤로 「그리운 금강산」이 연달아 이어진다. 도는 어제보다 깊으나 앞산은 더욱 첩첩하다는 경구의 한 말씀처럼 언제쯤 내가 금강산 열차를 타거나 이렇게 걸어서 철원을 거쳐 금강산에 닿을 수 있을까?

강은 산굽이를 돌아가고, 자동차들은 터널 속으로 빨려 들어간다. 우리는 경부고속도로 건설 중 긴 다리 세 개를 놓을 만큼 최대의 난공사였다는 금강 휴게소로 접어든다.

금강은 이곳을 지날 때에 뱀처럼 구부러지는 전형적인 사행천이다. 길은 여기서부터 비포장도로다. 경부고속도로 순직자 위령탑 700미터. 강물은 물감을 풀어놓은 듯 진흙빛으로 흐르고 왼쪽의 경부고속도로에 차들은 쌩쌩거리며 지나간다. 지금 이 금강은 위쪽으로 위쪽으로 굽이쳐 올라가고 있다.

금강 휴게소에서 바라본 금강

길은 어쩔 수 없이 금강 휴게소로 이어진다. 우리가 강길을 따라 걷지 않는다면 어떻게 이런 뒷길로 해서 휴게소를 들르겠는가. 바람 부는 휴게소 벤치에서 막무가내로 흘러가는 금강 물을 내려다보며 잠시 휴식을 갖는다.

오늘 우리가 도착해야 할 지점까지는 10킬로미터. 너무 초과했구나 싶지만 그만큼 시간적 여유가 있으면 더 좋지. 휴게소 아래에는 '우리 길을 돌려달라. 그때까지 투쟁한다.' 라는 현수막이 걸려 있다. 우리는 금강교 다리 아래에 긴급할 때 건너가기 위해 나무판자로 만들어놓은 길을 걷는다.

머리 위로는 수많은 차들이 지나가고 발 아래에는 무서울 만큼 세차게 강물이 흐른다. 강물을 보며 문득 두려움을 느낀다. 분명 내가 아래로 떨어질 리는 만무하고 차들이 그 두꺼운 시멘트 바닥을 뚫고 떨어질 리 없을 것이라 믿으면서도 끄트머리에 도착할 때까지 얼마나 오금이 저렸는지 모른다.

고현마을 | 임진왜란 당시 유씨 성을 가진 사람이 들어와서 일구었다는, 산 중턱에 있는 마을.

보청천과 금강의 합수 지점에는 그림 같은 찻집이

철이 많이 나서 쇳봉산 또는 철봉산이라 부르는 이 산은 높이가 450미터에 이르고 그 산자락에 이원면 우산리가 있다.

지형이 계추형이라 하여 벌말인 우산리 지나 밤나무 밑에서 쉬며 토실토실한 알밤 몇 알을 줍고 나자 내 마음은 부자나 다름없다. 금강 4교 홍보관을 지나며 바라본 금강 4교는 거대한 괴물처럼 하늘에 걸쳐 있고 갯대봉 중턱에 일명 '높은 메루'라고 불리는 고현高峴마을이 옹기종기 모여 있다.

임진왜란 당시 유씨 성을 가진 사람이 이곳으로 난리를 피해 들어와 함지박을 만들면서 마을을 일궜다고 한다. 고현리와 원당리를 합해서 만든 고당리 고현마을은 높은 지대인 산 중턱에 있기 때문에 논도 없고 밭 몇 뙈기뿐이다. 그래서 그 마을 사람들은 산 너머에 전답을 사두고 농사를 지었다고 한다. 이른 새벽 고개를 넘어갔다가 어둠 짙은 저녁에 집으로 돌아왔으므로 이 마을 사람들 사이에는 '아이들 얼굴도 잘 모른다'는 말이 지금도 남아 있다고 한다.

골짜기에 내려가 물을 마시고 얼굴을 씻는다. 강 건너 조령리는 조선시대 중엽 이씨 성을 가진 사람이 이곳에 들어와 터전을 잡을 때 고개가 험준하고 하도 깊어서 '새소리밖에 들리지 않는 곳'이라는 뜻으로 새재로 지었다는데 1914년 행정구역 개편시 조령리鳥嶺里로 바뀌고 말았다.

이곳 금강 유원지 일대는 여울낚시와 루어낚시 터로 전국적으로 알려져 있어 낚시꾼들이 즐겨 찾는 곳이라지만 물이 불은 탓인지 낚시꾼은 어쩌다 보일 뿐이다.

100킬로미터 대청호 물길이 본격적으로 시작되는 벌말 마을에서는 나무를 태우는지 한 줄기 연기가 피어오르고 마을 앞 강변 길에는 태극기가 바람에 휻날리고 있다.

강촌마을은 강씨들이 터를 잡아 마을을 이루었다고 하는데 강촌마을로 올라가는 길은 가파르고 입구에는 몇 그루 봉숭아꽃이 피어 있다.

몇 년 전만 해도 마을이 제법 그럴싸했을 법하지만 지금은 옻 한방오리, 옻닭들을 파는 '강촌역'이라는 음식점이 있을 뿐이다. 사라져가고 있는 강촌마을을 나오며 안남, 안내, 청성으로 가는 575번 길을 만난다.

여기까지 180킬로미터. 이곳에서 금강은 보청천과 합류한다. 보청천은 보은군 내북면 하궁리에서 발원하여 보은 읍내에서 향전천을 합하고 탄부면 구암리에 이르러 삼가천을 합한다. 보은군 마로면을 지나 흐르는 옥천은 청산면, 청성면을 거쳐 금강으로 들어가는 강이다.

산마루에는 흰 구름이 흘러가고 보청천과 금강의 합수 지점에는 그림 같은 찻집이 있다. 길은 다시 비포장 길이다. 젊은이들 서너 명이 강가에서 낚시질을 하고 있고 그늘진 봉고차 뒤쪽에서는 중년 남녀 네 사람이 고기를 굽고 있다. 흐르는 강물 위로 백로 떼들이 날아오른다.

청성면 합금리 상금마을에는 가을걷이가 한창이지만 사람들이 객지로 나간 탓에 집들은 텅 비어 있다. 문짝마저 다 떨어져나간 저 집들에도 여러 세대를 이어오며 사람들이 오순도순 살았으리라.

강촌마을 앞 금강 | 강씨 성을 가진 사람들이 살고 있는 강촌마을 아래에 금강이 흐른다.

보청천과 금강이 합류하다 | 보청천은 보은군 내북면 하궁리에서 발원하여 옥천군 청산면과 청성면을 거쳐 금강으로 들어간다. 강가에서 사람들이 낚시를 하고 있다.

보청천과 합류한 금강 | 보청천을 받아 들인 금강이 유장하게 흐른다.

지도에도 없는 폐교된 초등학교

마을 고샅길을 내려오는 사이에 산자락에 햇살이 사위어간다. 사금이 많이 나서 쇠대 또는 금대라고 부르는 상금마을 건너편 동이면 청마리에는 먹절이 있었다고 하고 멀리 말티마을이 보인다.

말티마을로 건너가는 선착장에서 햇살은 서서히 잦아들고 나는 물끄러미 물살 너머 마을을 건너다본다. 옛날에는 산 중턱까지 경작되었을 테지만 지금은 칡넝쿨만 얼크러져 있다. 그 아래 가랑잎 같은 교실 몇 개가 달린 초등학교가 보이지만 그나마 폐교되었는지 지도에도 나와 있지 않다.

잔잔하고 더디게 흐르는 강 건너에는 강물에 떠밀려온 쓰레기들이 널려 있다. 사금이 나서 한 시절 좋았을 쇠보루, 아랫쇠대마을에 숙소를 정하고 나는 금강 변으로 나간다.

날은 어두워오고 나는 영화 「흐르는 강물처럼」에서처럼 강에 넋을 잃는다. 영화 속에서 말하는 것처럼 우리들은 자연이나 인간을 막론하고 완전한 이해 없이도 완벽하게 사랑할 수 있을까? 그래서 모든 빗물을 끌어모아 흘러가는 저 강물처럼 하나가 되어 흘러갈 수 있을까?

민박집에서 저녁을 먹고 이 댁 주인 한성관 씨에게 살아온 이야기를 듣는다.

"직장생활을 하다 고혈압으로 쓰러졌어요. 예전에 이곳 산을 5정보(1만 5천 평) 정도 사둔 게 있어서 요양차 왔지요. 이곳으로 오니까 몸이 좋아지더라고요. 공기도 좋고 그래서 눌러앉게 되었습니다. 그런데 초창기 텃세가 하도 심해서 힘들었지요. 이장하고 트러블이 많았어요. 쫓아내려고 마을 사람들 도장도 받고. 그러다 어렵게 좋아졌지요. 동네 사람들도 사귀어보니까 괜찮습디다. 상금에 살다 이쪽으로 땅을 사가지고 내려왔지요. 이곳 사람들 시계 볼 줄도 몰라요. 전화도 받기만 하고요. 나무 해다가 불 때서 밥해 먹고 사는 것 불편하기 이를 데 없어 보이지만 이곳 사람들은 괜찮은가 봅니다."

그러나 이곳도 문제는 많았다. 여러 사람들에게 들은 바로는 내수면 어업만 해도 원래 그물을 3개만 치게 되어 있지만 20여 개쯤 쳐서 고기 씨를 말린다. 그러다 보니 허가를 받아 다른 사람들에게 임대를 해준 뒤 돈만 받는 경우도 있다고 한다. 뿐만 아니라 새벽 2시쯤 깡(다이너마이트)을 터트려 고기를 잡는다고도 한다. 요즈음은 강이 흙탕물이 되어 덜하지만 물만 맑아지면 계속된다고 하니 하루 빨리 특단의 조치가 뒤따라야 할 듯싶다.

또한 마을 사람들은 이곳 도로가 포장되기를 원하지 않는다고도 한다. 포장을 하게 되면 사람들도 많이 올 것이지만 그것이 이 고장 사람들의 생계에 도움이 되지는 않을 것이라고 믿기 때문이다.

버스는 쇠보루까지 들어오고 저쪽으로는 금강유원지까지 가며 시내버스는 적하리까지만 들어온다는 이 마을도 금명간에 어떤 행태로든 변하긴 변할 것이다.

대청호 물길에는 애달픈 사연만 깃들고

합금리의 아침 | 합금리에서 맞이한 강가의 아침은 물안개로부터 시작된다. 금강에 물안개가 피어오르고 있다.

안개 걷힌 강변과 쪽빛 하늘

합금리의 아침은 자욱한 안개와 함께 찾아왔다. 방문 앞에 벚꽃나무가 밤새워 내린 이슬방울을 한 방울씩 떨어뜨리고 발 아래 논에는 바람에 쓰러진 벼이삭들이 일어날 줄 모른 채 누워 있다.

아침을 먹고나자 자욱했던 안개가 금세 사라졌다. 어디로 간 것일까? 그 많던 안개가.

안개 걷힌 강변은 흐르지 않는 호수처럼 잠들어 있고 쪽빛 하늘에는 구름 한 점 없다. 우리가 하룻밤을 지낸 숙소 입구에는 이 마을의 이장을 지냈던 박동희 씨의 공덕비 한 기가 서 있다.

처음에는 충남 부여군 임천면사무소 앞에 세워진 전 면장의 공덕비와 같은 것이려니 했는데 사연을 듣고 보니 세워진 연유를 이해할 만도 하다.

새마을 운동이 전국을 떠들썩하게 휘몰아갈 때에도 첩첩산중이었던 이 합금리는 조용하기만 했다고 한다. 그때 박동희 이장이 발벗고 나서서 주민들을 설득했다고 한다. 그때까지 엄두를 못 내고 있던 마을 사람들이 움직이기 시작했고 부족한 사업비는 인력으로 보충하여 마을 길이 뚫리게 되었다. 그 뒤 박 이장의 공로를 인정한 마을 사람들이 이렇게 공덕비를 세우게 된 것이다.

합금리 말티에서 배를 타다

원래 일정대로 하면 안남천 하류 독락정에서 배를 탈 것이었는데 물이 불어난 탓에 말티(청마리)에서 타기로 한다.

밤 사이에 강물은 칠흑빛 흙탕물에서 푸르름을 되찾았다. 강변에는 몇 마리의 조선 소들이 한가롭게 풀을 뜯고 있다. 말티마을 건너편에 도착하자 평상시에는 닫혀 있던 가겟집이 열려 있고 말티마을 이장님과 마을 사람이 음료수를 마시고 있다.

"옛날에는 길이 소로였고 이쪽 사람이 옥천시장을 가려면 저 나루를 건너가서 말재를 넘어갔어요. 이곳 도로가 나니까 역순이 되었지요. 저기 물이 불어 안 보이지만 평상시에는 건널 수 있는 다리가 있어요. 지금은 또 걷는 세상이 아니니까 말재로 다니지 않고 이 길로 해서 가고 있지요. 말재 너머 동이면 지탄리로 해서 수봉리를 거쳐 옥천을 갔지요. 우리 마을에서는 대보름날 탑신제를 지내요. 저 학교 뒤편에 돌탑과 솟대, 그리고 장승이 서 있는 탑신제당이 있고 저 짓대봉 쪽에 있는 소나무가 산신제를 드리는 곳이지요. 솟대를 우리들은 진대라고 부르고 오리라고

솟대

솟대는 샤머니즘 문화권에서 공통적으로 볼 수 있는 것으로서 하늘과 인간세상, 땅 속을 꿰뚫는 우주의 축이자 신의 세계와 사람의 세계를 이어주는 역할을 하였다. 그러나 우리 나라에서는 조선 후기 이래 농경문화에 통합되면서 우순풍조雨順風調를 비는 농업수호신이 되었다.

청마리 탑신제 돌탑 | 탑신제는 탑, 솟대, 장승의 순서로 지내는데 솟대와 장승의 경우는 따로 제물을 마련하지 않고 탑제 때 쓴 제물을 나눠서 지낸다.

도 하지요."

청마리에는 날아오르는 마한의 솟대가

이곳 말티마을에서는 솟대를 세운 장대에 숯검정과 황토로 선을 나란히 그려 검은 용과 누런 용이 하늘로 올라가는 모양을 나타냈는데 이것 역시 우순풍조(비가 때맞추어 알맞게 내리고 바람이 고르게 분다는 뜻으로 농사에 알맞게 기후가 순조로움을 이르는 말)를 빌기 위한 것이다. 그러나 1978년에 장대에다 두 용을 나란히 그리지 않고 X자로 꼬이게 그렸더니 여름에 홍수가 나서 큰 피해를 보았다고 한다.

말티마을의 탑과 장승, 솟대는 이러한 개별적인 의미를 모두 지니면서 한데 뭉뚱그려져 마을로 들어오는 못된 귀신이나 역병, 도적 등 액을 막아 마을을 지키고 풍년을 비는 마을신 구실을 하고 있다. 이 마을 탑신제당은 충청북도 민속자료 제1호로 지정되어 있다.

이 마을에서는 해마다 섣달에 생기복덕을 가려 제주를 뽑고 정월 초순에 날을 잡아 산신제를 지내며 대보름날 아침에 유교식으로 탑신제를 지낸다. 제주는 제사를 지내기 전에 냉수로 목욕하고 부정한 일을 한 사람을 접하지 않는 등 금기를 지키며 몸을 청결히 한다.

산신제를 지내는 소나무는 60여 년 전까지만 해도 어른 여섯 명이 손을 맞잡아 두를 만큼 큰 나무였으나 안타깝게도 죽고 말았다. 그후 그 다음으로 큰 나무를 신체로 삼고 있다.

탑신제는 탑, 솟대, 장승의 순서로 지내는데 솟대와 장승의 경우는 따로 제물을 마련하지 않고 탑제 때 쓴 제물을 나눠서 지낸다. 장승과 솟대는 4년마다 오는 윤년에 새로 세우고 예전 것은 잘 썩도록 옆에 뉘어놓는다.

특히 솟대를 오리보다는 새 쪽에 가깝다고 보는 청주대 김영진 교수는 "이 솟대는 마한 땅인 충청남도와 전라도에 남아 있고, 그나마도 원형대로 보존된 게 이 말티마을뿐"이라고 말한다.

예전에는 모든 제사과정이 훨씬 더 복잡하고 엄격했지만 근래에는 많이 생략하여 지내고 있다. 또한 이 마을에선 솟대와 장승으로 쓰일 나무를 베어올 때 고사를 지내고 "이 나무는 산주와 협의해 빌렸으니 산신님도 그런 줄 아시오." 하고 아뢴 후 제주가 도끼로 한 번 찍으면 마을 사람들이 나무를 베어 "모셔가세, 모셔가세. 천하장군 모셔가세. 모셔가세, 모셔가세. 지하장군 모셔가세. 모든 악귀 물리치실 추악신을 모셔가세. 영신신령 주신 선물 조산들로 모셔가세……." 하는 노래를 부르며 마을로 날라왔다고 한다. 그러나 요즘은 그냥 곧고 긴 나무를 가져다 세운다고 한다.

이장님과 마을 사람은 서둘러 나락을 베러 간다고 자리를 뜨고 나는 가게 마루에 퍼질러 앉아 가게 주인아주머니의 이야기에 귀를 기울인다. "이곳에 온 지 십구 년쯤 됐어요. 예전에는 사람들이 물고기를 잡아서 팔지를 않으니 물고기가 많았지요." 아침 바람이 선선하게 부는 허름한 가게 앞에 앉아 나는 흐르는 금강 물과 햇살 퍼지는 저 건너 말티마을을 건너다본다.

독락정 뒤편에는 둔주봉이

충북 503호가 경적을 울리며 다가온다. 배는 물살을 가르며 강을 따라 흐르고 채성석 씨는 부지런을 떨어 캐가지고 온 싱싱한 마를 내놓는다. 어느새 하늘엔 하나둘, 가을 구름이 피어난다. 말티마을과 우리가 하룻밤을 묵었던 쇠보루마저 사라지고 왼쪽으로 더덕이마을이 나타난다.

더덕이 많이 나서 이름조차 더덕이마을인 저 마을에 지금도 더덕이 많이 날까? 사금이 많이 났다는 쇠보루마을이 스치듯 지나가고 안남면 지수리 역시 시야에서 멀어진다.

옛날 부자가 살면서 옷과 밥 걱정이 없었다고 해서 이름 지어진 옷밥골은 평촌 너머에 있고 강은 연주천을 받아들인 뒤 독락정을 지난다. 연주천은 옥천군 안남면 도농리에서 발원하여 서남쪽으로 흘러 청정리에 이른 다음 연주천에서 금강으로 흘러드는 강이다.

중촌마을 서남쪽에 있는 독락정獨樂亭은 조선 선조 때 절충장군중추부사를 지낸 주몽득周夢得이란 사람이 지은 정자로, 후에는 유생들이 학문을 닦고 연구하는 서원 구실을 하였다고 한다.

연주천의 발원지 도농리에 중봉 조헌의 묘가 있다. 조헌은 임진왜란이 일어나자 이곳 옥천에서 의병을 일으켜 금산전투에서 전사하였다. 그 뒤 그의 영혼을 불러들여 이곳

조헌
명종 22년에 문과에 급제해 스물두 살 때부터 벼슬길에 오른 조헌은 보은 현감, 전라감사를 거쳤다. 그는 굽힐 줄 모르는 성격으로 바른 말을 잘해 벼슬길에서 여러 차례 물러나길 거듭했다. 정여립과 사이가 좋지 않았던 그는 이이가 세상을 떠난 뒤 이곳에 와 터를 잡았다. 그는 임진왜란이 일어나기 한 해 전 일본에서 온 사신을 없애고 왜구의 침략에 맞설 준비를 해야 한다고 주장했으나 선조는 이를 받아들이지 않았다. 주춧돌에 머리를 부딪쳐서 피를 흘리며 안타까워했던 그는 임진왜란이 일어나자 일어나 싸우자며 격문을 돌려서 의병을 모았다.
조헌은 승병을 이끌고 있던 영규대사와 뜻을 같이해 왜구에게 빼앗겼던 청주성으로 쳐들어가 큰 승리를 거두었다. 그러나 금산성 싸움에서 자리를 피하라는 부장의 권유에도 불구하고 "이곳이 내가 순절할 땅이다. 장부는 죽을지언정 난리를 당하여 구차하게 모면해서는 안 된다."며 기둥을 잡고 끝까지 싸움을 독려하다가, 결국 패하여 그를 따르던 700여 명의 의병과 함께 숨지고 말았다. 그의 나이 마흔아홉 살이었다.

독락정 | 조선 선조 때 주몽득이라는 사람이 지었다고 한다.

에 안치했다.

독락정 뒤편 둔주봉에는 그 옛날 봉수대가 있었고 그 아래 연주리 일대에 '장군대좌형'의 명혈이 있다고 하지만 어디 명당이 제구실을 하는 시대인가. 동이면으로 건너던 피실나루도 사라지고 배는 빠른 속도로 구비구비 돌아간다.

강은 석탄리를 지난다. 아남면 버들개로 건너던 덩기미나루에는 몇 척의 어선이 매어 있고 옥류를 지난 배는 며느리재를 건너다보며 물살을 가른다. 구정리 동북쪽에서 장계리로 넘어가는 며느리재에는 슬프디 슬픈 설화가 전해져온다.

주막마을을 지난 배는 금세 장계다리 우측 선착장에 닿았다. 장사리와 옥계리를 합하여 장계가 된 저 건너에는 대청댐이 완공되면서 조성된 장계유원지가 있었고, 이곳에서 금강은 안내천과 합류한다. 그러나 우리가 타고 가야 할 배가 오지 않기에 확인해보니 배는 지금 충북 청원 문의에 있어 12시쯤이나 올 수 있단다.

호반식당의 평상에 앉아 농구대를 바라보니 '교통속도 40'이라는 교통 표지판이 시골 음식점에 간이 농구대로 서 있다. 이 얼마나 희극적인가. 농구공을 시속 40킬로미터로 던지라는 이야긴가.

우리는 배를 기다리며 식당 주인의 이야기에 귀를 기울인다.

"식당 하다가 안 되어 고기 잡아요. 고기는 주로 쏘가리,

며느리재에 얽힌 설화

옛날 어느 며느리와 시아버지가 이 고개를 넘어가고 있었다. 그런데 갑자기 소나기가 쏟아지자 앞서가던 며느리의 옷이 흠뻑 젖고 말았다. 그것을 바라본 시아버지가 마음이 동하여 며느리에게 호소하자 며느리는 시아버지의 지각을 깨워주기 위해 네 발로 땅을 기어가며 소 울음소리를 내면 응하겠다고 했다. 시아버지가 그렇게 소 울음소리를 내며 기어가는 것을 바라본 며느리는 한탄하며 자결하고 말았고, 그제야 정신이 든 시아버지는 따라서 자결하였다고 한다.

장계유원지 부근 대청댐 | 장계유원지는 대청댐이 들어서면서 함께 조성되었다.

청풍정과 명월암

1884년 12월 갑신정변이 3일 만에 실패하자 김옥균은 명월이와 함께 옥천군 석호리로 도피한다. 김옥균을 사랑했던 명월이는 자신이 큰 뜻을 품고 있는 김옥균에게 짐이 된다고 생각하고 김옥균이 잠든 사이 청풍정을 나와 "나으리를 지극히 사모한 나머지 나으리의 앞날을 위해 먼저 갑니다."라는 유서를 남긴 채 절벽 아래 몸을 던져 생을 마감한다. 이 사실을 다음날 아침에야 알게 된 김옥균은 시체를 거두어 장사 지낸 뒤 청풍정 아래의 바위에다 명월암明月岩이라는 세 글자를 새겼다고 한다.

장어, 빙어, 붕어가 많이 나오지요. 여기서는 회로는 잘 안 먹고 매운탕을 해먹어요. 회는 괴산 저쪽에나 가야 먹을 수 있어요. 대청호大清湖가 이렇게 만수위가 된 것은 몇 년 만에 처음이에요. 물이 빠질 때에는 저 아래까지 선착장이 내려가지요."

12시쯤 오겠다는 배는 오지 않고 푸른 하늘에는 흰 구름만 흘러간다.

호수는 너른 바다 물결처럼 일렁이고

태극기를 바람에 흩날리면서 충북 508호가 예정보다도 한 시간 반이나 늦게 들어온다. 오후엔 구보라도 해야겠다. 배는 물살을 가르며 달린다. 배는 태풍에 떠밀려온 쓰레기들이 떠다니는 강에 길을 내며 달리고 좌우엔 고만고만한 산들이 병풍처럼 둘러싸고 있다. 눈앞에 보이는 옥천군 군북면 석호리에 청풍정이라는 정자가 있다. 고려 때부터 시인 묵객들이 즐겨 찾았던 청풍정에는 한말의 풍운아 김옥균과 그를 사모했던 기생 명월이의 애달픈 사연이 깃들어 있다.

청풍정 | 고려 때부터 시인 묵객들이 즐겨 찾았던 청풍정에는 한말의 풍운아 김옥균과 그를 사모했던 기생 명월이의 애달픈 사연이 깃들어 있다.

청풍정에서 멀지 않은 곳에 있는 옥천군 군북면 추소리에는 예부터 추소 8경으로 불리는 부소무니가 있다. 대청호의 절경 중 하나인 부소무니는 크고 작은 책들을 비스듬히 세워놓은 듯한 기암절벽에 금세 떨어질 듯 우거진 늙은 소나무가 장관을 연출한다.

나뭇잎들은 물 위에 찰랑거리고 예쁠 것도 없고 특별할

것도 없는 산들이 끝도 없이 펼쳐진다. 푸른 물, 푸른 산, 푸른 하늘, 이따금씩 떠 있는 구름 몇 송이가 어우러져 한 폭의 그림을 연상케 한다. 강폭은 한껏 넓어졌고 멀리 송신탑이 보인다.

508호 선장의 말에 의하면 자기가 이곳에 온 뒤 수량이 가장 많았던 때가 지금이라고 한다. 갈수기에는 차마 못 볼 것들 때문에 뱃길 가기가 불편하다는데 지금은 나무들마다 물에 잠겨 허우적거리는 듯하다. 호수는 너른 바다 물결처럼 일렁거리고 배도 역시 덩달아 흔들린다.

지금 배가 지나는 곳은 원래 회덕군 일도면 지역으로 금강이 남쪽에서 동쪽으로, 다시 서쪽으로 흘러가서 곶을 이루었으므로 누릅고지, 누루꾸지, 또는 황곶, 황호라 불렀던 곳이다. 지락산 자락에 있는 지락이 마을에 시장이 섰었고, 지락이 앞에는 삼남으로 통하는 큰 길이 되므로 이 일대의 군읍에서 의연금을 거두어 청석다리 또는 지락다리를 놓았다고 한다. 느릅고지 서남쪽에는 행인들의 편의를 도와주던 형지원形止院이 있었으며, 이곳에서 청원군 문의면으로 건너가던 나루가 느릅고지 나루였다.

지락이 북쪽 산모퉁이에는 귀신바위라는 바위가 있었다. 길이 후미진데다 바위가 많고 굴이 있어서, 밤에는 극소에서 귀신이 나와서 사람을 홀렸다고 하는데, 지금은 푸른 물 속에 잠겨버리고 말았다.

우리를 태운 배는 지금 청남대 근처를 지나고 있다.

여기저기 초소들이 보이고 멀리 야산 언덕에 푸른 기와

문의에 얽힌 전설

문의에는 1천여 년 전인 고려 초기에 일륜대사라는 스님이 제자들에게 남긴 전설이 전해지고 있다.

"사방의 정기는 영명英明하기 이를 데 없다. 장차 이곳에 문文과 의義가 크게 일어나 숭상될 것이다. 뭍으로 난 길과 물길이 사통팔달했으니 마을과 인물이 모두 번성할 것이다. 그러나 이 어인 조화인가. 앞으로 1천 년 뒤의 운세가 물밑에 잠겨 있으니 말이다. 그때 이르러서야 새 터전을 마련하게 될 것이니라."

이 말을 들은 사람들은 이곳의 지명을 문의 또는 문산이라고 지었고 예언에 걸맞게 현재 호수가 만들어졌다.

대청댐 연혁

정부의 4대강 유역 종합개발계획의 일환으로 금강 하구로부터 150킬로미터, 대전 동북방 16킬로미터, 청주 남방 16킬로미터 지점(당시 충북 청원군 현도면 하석리와 충남 대덕군 신탄진읍 미호리 사이)에 다목적댐을 건설, 금강 유역의 종합적인 수자원을 개발함으로써 중부권의 균형 있는 국토개발과 산업발전에 기여하기 위해 대청댐 건설공사가 시작되었다.

이 댐 건설로 인하여 충남과 충북 지방의 논밭 1,500만 평(49,587,000제곱미터)이 물에 잠겼고 여기서 살던 4,275가구의 2만 5,925명의 사람들이 다른 곳으로 떠났다. 1975년부터 연인원 70만 명이 동원되어 다섯 해 만에 건설한 이 댐의 첫째 목적은 주변 지역에 충분한 물을 공급하는 일이었다. 그로부터 5년이 지난 1980년 12월 2일 대청댐이 준공되었고 이 댐 덕분에 청주, 대전을 비롯한 충청도 사람들은 2000년대까지 물 걱정을 할 필요가 없게 되었다. 또 이 댐은 금강 상류인 공주나 부여 부근의 하천 물높이는 말할 것도 없고 하류인 장항이나 군산의 하천 물높이까지도 조절할 수가 있어, 비가 많이 와도 큰 수해가 없으리라 기대되었다. 그러나 그 뒤로도 여러 차례 큰 홍수로 농경지가 물에 잠겼다.

집이 나타나는데 저곳이 청남대란다. 점심 때에 도착한다면 점심밥 한 끼 얻어먹은 뒤 가고 싶었는데 오후 일정상 그냥 지나친다. 그곳에서부터 대청댐 선착장은 지척이다. 대청댐 전망대가 보이고 그 너머에 문의文義가 있다.

수자원공사 선착장 앞에는 배들이 몇 척 떠 있고 여기서부터는 알아서 가라고 준설선이 한 척 떠 있다. 밧줄을 잡아당겨 그 배를 타고 다시 계단에 매어 있는 줄을 잡고서야 뭍에 오른다.

우리는 대청댐 다목적댐 안내판 앞에 선다.

이곳 신탄진의 미호동은 본래 회적군 일도면의 지역으로 금강이 휘돌아가며 아름다운 경치가 펼쳐져 미호渼湖라고 하였다. 이곳에는 몇 개의 나루터가 있었다. 미호산 북쪽에서 청원군 문의면 광원리로 넘어가는 나루가 산뒤나루터이고 미호 도선장 아래에서 충북 청원군 현도면 갈퀴로 건너가는 나루가 갈퀴나루터였다. 또 미호에서 현도면 대원으로 건너가는 나루가 미호 도선장이었다.

여러 가지 우여곡절 끝에 충북을 비롯한 중부지역에 큰 변화를 몰고 온 금강 유역의 대역사 대청댐은 1975년 3월 착공을 알리는 강렬한 폭음과 함께 5년 9개월 간의 공사에 들어갔다.

고향을 잃어버린 수몰민들

대청댐은 당시 충남 대덕군과 충북 청원군 사이를 흐르는 물을 막아 만든 둑이라 하여 두 지역의 머릿글자를 따서 이름을 지었는데, 홍수와 가뭄을 조절하고 전력을 생산하며 공업용수와 농업용수를 공급해주는 따위의 여러 가지 일들을 한꺼번에 하는 그야말로 다목적댐이었다.

대청댐

수몰민들의 애환을 뒤로하고 국가와 지역민의 이익을 위해 만들어진 대청 다목적댐의 목적은 첫째, 댐 하류 홍수량 절감 및 홍수 피해의 경감, 둘째, 금강 하류와 미호천 유역, 전북 만경강 유역으로의 관개용수 공급, 셋째, 청주, 대전, 공주, 논산, 장항, 군산, 전주, 익산 등 도시지역에 생활용수 및 공업용수 공급과 전력 생산, 넷째, 중부지역 전력에너지 공급과 금강 하구 연안의 염수 피해 경감이었다. 그 밖에 부수적으로 호반 주위에 종합휴양지와 관광센터 등을 만들어 주민들의 수익 증대에 보탬이 되게 하자는 것이었다.

그러나 1998년부터 대청호 전역에 '녹조경보'가 발령되는 등 식수오염에 대한 우려가 깊어지고 있다. '녹조'는 물의 흐름이 완만하거나 정체된 하천, 호수에 녹색이나 남색을 띠는 식물성 플랑크톤(조류)이 과다 번식하는 현상으로 질소, 인 등의 과도한 영양분과 높은 수온(30℃), 태양에너지에 의한 광합성 작용으로 물 속의 유기물이 부영양화를 일으키는 것이다.

부영양화를 막기 위해서는 인과 질소를 제거할 수 있는 새로운 하수처리 방식을 도입해야 한다. 생물학적 처리에 의존하는 현재의 하수처리 방식은 BOD 수치만 낮출 뿐, 오히려 인을 부영양화되기 쉬운 구조로 만들기 때문이다.

대청댐 아래의 금강 | 현암사에서 바라본 대청댐 하류.

녹조와 물꽃 현상, 민물 태형동물의 번식 등 여러 문제가 있음에도 불구하고 대청댐의 수질은 조금씩 개선되고 있는 추세이다.

강물처럼 만났다 헤어지고

착잡한 마음속으로 푸른 하늘이 뚝 떨어지듯 파고든다. 앞을 바라보니 대청댐 홍보관 입구에 통일 단군상이 세워져 있다. 대청교가 단군상을 지켜준 것인지 단군이 대청호를 지켜주고 있는지 모를 일이다. 나라 안 곳곳에서 단군상이 파괴되고 있지만 이곳에 있는 단군상은 오늘도 무사하다.

오가리 마을 | 오가리의 금강가에는 관음보살이 은혜를 갚기 위해 만들어주었다는 돌 축으로 만든 돌 살이 있었다고 한다.

큰 길로 내려서자 대청댐은 육중한 몸체를 드러내고 우측으로 대청댐에서 방류한 탁류는 도도하게 흐른다. 대청교를 지나며 물은 소용돌이치고 그 다리 위에는 수자원공사에서 나온 조사요원들이 수량과 유속을 재고 있다.

김재승 회장의 말에 의하면 부여 규암나루에서 물이 초당 3톤이 흘러야 적정 수준이라는데, 그것은 장마 때나 여름 성수기를 제외하고는 불가능한 일이란다.

청원군 현도면 하석리 오가리五佳里에서 점심을 먹는다.

다섯 집만 살아서 마을 이름을 오가리라고 지었다는 이곳 오가리 식당 주인 아주머니는 달라진 이곳의 풍경을 이렇게 이야기한다.

"옛날에는 신탄진 앞 물고기가 팔뚝만 했어요. 물고기를 잡아서 회를 떠먹고 그랬지요. 대청댐만 해도 그래요. 하도 물이 안 차니까 묘들을 썼는디, 물이 차는 바람에 물 속에 묘를 수장했다고 혀요. 또 물이 안 차니까 야금야금 농사를 짓다가 이번 수재로 농경지가 가장 많이 침수된 데가 대청댐 주변이라고 한대요. 그렇다고 그런 사정을 언론이나 당국에 제대로 알릴 수도 없고 벙어리 냉가슴만 앓고 있다고 해요."

가는 곳마다 모두 다 안타까운 사연들뿐이다.

이곳에서 문의 쪽으로 가는 고갯마루에서 바라보면 오가리의 다섯 절경 중 하나인 다람절이 있다. 높은 산자락과 바위에 달아맨 것 같다 해서 다람절이라 불렸으나 요즘에는 한자화한 현암사懸岩寺로 더 많이 알려져 있다.

이곳 오가리 금강가에는 관음보살이 은혜를 갚기 위해 만들어주었다는 돌축으로 만든 돌살이 있었다고 한다. 고기가 지게로 져날라야 할 만큼 많이 잡혀 쌀 한 섬지기 논과도 바꾸지 않았다는 돌살은 1975년경에 사라져버리고 지금은 강물만 흐릿하게 흐를 뿐이다. 아직 갈 길이 멀다. 강 건너 풍경은 한가롭기만 하고, 불당골에는 소나무 한 그루가 푸르다.

대청댐 계통 광역상수원 현장이 나타난다. 이 광역상수장에서 발전용량으로 쓰고 내려온 물 9억 톤을 다시 쓰기 위해 정수하는 현장은 보기만 해도 엄청난 대형 공사장이다. 내에 돌이 많아서 하석이라 이름지어진 하석 1구 고개를 넘어서자 멋드러지게 식당을 짓고 있는 공사 현장이 나온다. 그 식당 앞에 해바라기를 소담스럽게 심어놓은 것을 보면 나중에 해바라기라는 상호를 붙이기 위함이 아닐까?

다람절 현암사

이 절은 백제 전지왕 3년(406년) 달솔해충達率解忠의 발원으로 고구려 승려 청원선경淸遠仙境 대사가 창건했다고 한다. 그 뒤 문무왕 5년(665년)에 원효가 중창하였고 수차례의 중창을 거쳐 지난 1978년 대청댐 건설 당시 댐 건설업체인 현대건설과 수자원공사로부터 자재시주를 받아 도량을 확장하였다.

한편 이 절에는 원효의 전설이 서려 있다. 원효대사가 구룡산 다람절에 들어와 수도를 하고 있었다. 원효대사는 어느 날 "천년 후에 이 앞에는 호수가 생겨날 것이며 호수가 생겨나면 임금 왕王 자의 지형이 형성되어 왕이 이곳에 와 머물게 될 것이다."라고 했다. 그러한 예언 때문인지 이 절 앞에는 대청호가 그 푸른 물살을 드러내고 대통령 전용 별장인 청남대가 들어섰다.

고생도 시간이 있어야 한다. 시간이 모자라기 때문에 금강대교 쪽 길을 갈까 말까 망설인다. 마을 사람들의 말에 의하면 어쩌면 그 길은 없어졌을지도 모른다고 하기에 조정지댐을 건너기로 한다.

이곳 현도면 노산리에서 신탄진의 삼정이로 건너가는 나루가 장바구니배턱이라는 나루다.

조정지댐은 발전용량으로 쓰고 내려온 물을 상수원으로 쓰기 위해 만든 댐이다. 그러나 그 산이 저만큼 보이자 어쩐지 갈 수 있겠다는 생각이 앞선다. 예부터 양지뜸이라 보리가 잘되어 이름조차 보래인 보래마을을 지난다. 이 마을 앞을 수놓은 황금 들녘은 보기 아까울 정도로 아름답다. 강변에는 강 건너 신탄진으로 건너는 보래나루가 있었다.

강으로 나가는 길에 문화재조사연구단 입구를 지나며 떡 버티고 서서 수문장 역할을 하고 있는 네 개의 장승을 만난다. 저 멀리서 경부선 열차가 지나가는 소리가 들린다. 지나는 마을 주민의 말에 의하면 저 산에는 절대로 길이 없을 것이라고 하지만 낙담할 필요는 없다. 길은 잃을수록 좋다.

신탄진 | 신탄진 나루가 있던 신탄진의 현재 모습.

소나무 숲 들머리에 게시판 하나가 서 있다. '이곳에 쓰레기를 버리면 과태료 1백만 원에 처하겠습니다. 연기군수 백' 그러나 그 말을 비웃기라도 하듯 그 밑에는 각종 쓰레기들이 산더미처럼 쌓여 있다. 강 건너 가을 햇살 속에 평화롭기 이를 데 없는 신탄진에는 '새여울 마을'이라고 쓰여진 아파트 단지가 줄지어 서 있다. 신탄진은 조선시대에는 회덕현이었다.

정상 부근에 산성이 있는 계족산 아래에 지금은 수많은 현대식 건물이 들어섰다. 회덕현의 이름은 역사 속에 사라지고 그 한적하던 대전 속에 편입되고 말았다.

소나무가 보기 드물게 쭉쭉 뻗어 있는 솔밭 길을 따라가니 오래 전에 내건 듯한 '입산 금지'라는 현수막이 보인다. 입산 금지를 거꾸로 읽으면 '지금 산에 들어가라.'는 말이 되니 우리는 들어갈 수밖에 없고 그래서인지 산길은 뚜렷하다. 그 길을 안 갔더라면 서운했을 만큼 고적하고 쓸쓸하게 아름답다.

신탄진(회덕현)에 대한 옛 기록

『신증동국여지승람』 '회덕현' 산천조에 "계족산鷄足山, 현 동쪽 3리에 있는데, 이 고을의 진산이다. 세상에 전해오기를, 날이 가물 때 산이 울면 비가 온다고 한다."고 실려 있다. 또한 선인들은 신탄진을 이렇게 노래했다.

"관청 뜰 비어 송사訟事가 적음을 알겠고, 습속이 후하니 민풍民風을 보겠도다."-남지

"높은 고개 넘어서니 / 들판 시원한데, / 한 촌락 뽕나무 숲이 / 시내 굽이 굽어보네. / 수목은 늙고 돌은 단단하니 / 고을이 옛된 줄 알겠고, / 관뜰이 비고 인기척이 고요하니 / 관원官員 살이 차구나. / 푸른 그늘 땅에 가득 천척千尺의 소나무요 / 푸른 뜰을 물들임은 두어 줄기 대(竹)로다. / 홀로 난간에 의지하여 일이 없으니, / 때때로 싸우는 참새 / 처마 끝에 떨어지는 것을 보네." -이승소

고기도 저 놀던 곳이 좋다

마을 주민의 말을 철석같이 믿었더라면 이 길을 어떻게 만날 수 있을까? 깎아지른 듯한 이 절벽 끄트머리에 이렇게 아름답고 소담한 길을 만들었던 옛사람은 누구였을까?

금강기행에서 이렇게 호젓하고 예스러운 길을 어디 가서 만날 수 있을까? 문득 바라보면 발 아래로 강이 흐르고 모퉁이를 돌아가자 골짜기에 이른다. 나무 다리를 건너니 굿당이 있다. 이렇게 도시 근교의 산 속에 굿당이 숨어 있으리라고 누가 상상이나 했으랴. 그러나 언제부터였는지 집은 허물어져가고 잡목 우거진 두어 구비를 휘돌아가자 경부선 열차와 국도가 지나는 노상에 닿는다.

신탄진 저 건너에 노산나루(신탄진나루)가 있었지만 나루터도 나룻배도 사라진 그곳에는 지금 한국타이어, 쌍용 등 수많은 공장들이 들어서 있다. 옛 시절에는 신탄진이라는 담배를 생산하는 담배공장으로 이름을 드날렸던 신탄진을 뒤로하고 안내원도 없는 양지 건널목을 지나 양지마을에 접어든다. 강은 강대로 흐르고 눈앞에 경부고속도로가 나타난다.

한 치의 여유도 없이 달려가는 저 자동차들은 어디로 가는 걸까? 나는 경부고속도로 아래를 걸으면서 있음과 없음의 의미 그리고 현존하는 것들의 존재 이유는 무엇일까를 생각한다. 양지마을을 지나 다리를 건너며 대청댐 상류에서는 못 느꼈던 냄새를 맡는다. 이곳에서부터 강은 썩어가는 것일까.

저 건너편에는 양지나루가 있었고 이곳 배밭 어디쯤에도 사람들이 오고가던 나루가 있었을 것이다. 배밭을 지나며 나는 목이 마르다. 그러나 오얏나무 밑에 가서는 갓끈도 매지 않았다는데 떨어진 배도 차마 주워먹을 수가 없다.

갑천과 금강이 합류 | 대둔산에서부터 비롯된 갑천이 대전 시내를 지나 금강으로 들어간다.

배밭을 벗어나 신작로를 따라가다 길 웅덩이에서 횡재처럼 누치를 만난다. 20~30센티미터는 될 듯한 누치 여섯 마리가 길 위에서 헤엄을 치고 있는 것이 아닌가. 아마도 지난 대청댐 방류 때에 이곳에 와 있다가 차들이 다니는 움푹 파인 웅덩이 속에 갇혀버린 모양이다. 그냥 갈 수도 없고 그렇다고 냉큼 잡아다 매운탕을 해먹을 수도 없으니 어떻게 한다?

옛 속담에 '고기도 저 놀던 곳이 좋다.' 고 했던가. 수로를 내서 물을 뺀 후 강물 속에 놓아보내고 다시 길을 나선다. 모처럼 만에 좋은 일 한번 한 것 같다는 채성석 씨의 말이 끝나기도 전에 길가에 몇 마리의 물고기들이 흰 뱃살을 드러내고 죽어 있는 광경을 만난다. 그렇다. 삶과 죽음은 백지장 한 장 차이와 같다. 고개 들어 보니 갑천과 금강이 한 몸이 되는 합수머리다.

대전 일대를 거쳐온 갑천은 논산시 별곡면 수락리 대둔산 개태사에서 발원하여 기성면에서 두계천을 합하고 유성에서 진감천과 유성천을 합한 뒤 탄등천과 대전천을 받아들인 후 봉산리에서 금강으로 흘러든다.

갑천의 발원지 태고사에 갔을 때는 금강 답사가 끝난 다음 날인 10월 1일이었다. 가파른 산길을 오르면서 호남의 금강산이라고 알려져 있는 대둔산에 이미 가을이 깊어가는 것을 체감할 수 있었다.

게다가 우암 송시열이 친필로 쓴 '석문'이라는 글자를 음각해 새긴 석문을 지나자 태고사가 그 위용을 한눈에 보여주었다. 전국 12승지의 하나인 태고사. 원효대사가 이 절터를 발견하고 너무 기뻐 3일 동안 덩실덩실 춤을 추었

태고사 | 전국 12승지의 하나로 원효대사가 이 절터를 발견하고 너무 기뻐 3일 동안 덩실덩실 춤을 추었다고 하고, 만해 한용운이 "대둔산 태고사를 보지 않고 천하의 승지를 논하지 말라."고 했다고 전해진다.

태고사

충남 금산군 진산면에 위치한 태고사(문화자료 제27호)는 빼어난 경치를 자랑하는 대둔산 낙조대 아래에 있는 사찰이다. 신라 신문왕 때 원효대사가 창건하였고 고려시대 태고화상이 중창하였으며, 조선시대에는 진묵대사가 재건하였다고 알려졌다. 이 절에서 우암 송시열이 수학하였다고 전해지며, 절 입구의 바위에 '석문石門'이라는 우암의 필적이 음푹 들어가게 새겨져 있다. 대웅전은 석가모니불을 중심에 모시고 그 좌우에 문수, 보현보살을 모신 건물이다. 이 절의 대웅전은 원래 1,200년의 역사와 72칸의 웅장함을 자랑하던 건물이었으나 한국전쟁 중에 불타 없어졌으며, 1976년에 복원된 현재의 대웅전은 목조건물에 기와지붕으로 되어 있다.

태고사 석문 | 갑천의 발원지 태고사로 들어가는 자연 석문.

다고 하고, 만해 한용운이 "대둔산 태고사를 보지 않고 천하의 승지를 논하지 말라."고 한 말이 수사가 아님을 실감했다. 신라 신문왕 때 원효대사가 창건하고 고려 말 보우국사가 중창한 후 조선 중엽 진묵스님이 중창한 태고사는 한국전쟁 때 불타버렸던 것을 김도천 주지가 새롭게 단장했다. 해발 650미터에 위치해 있는 태고사의 부엌 앞에는 조왕신이 내려다보고 있고 그 아래 태고샘이 있는데 그 샘이 갑천의 발원지였다.

이 절 묘법스님의 배려로 앞서 다녀갔던 이형석 선생처럼 꼬들빼기김치와 가지전, 호박잎쌈과 된장국으로 맛있는 점심밥을 먹을 수 있었다.

저 멀리 아스라하게 보이는 대전은 한가롭기 그지없던 한밭이라는 마을이었다. 그러나 1905년 경부선의 개통으로 지금은 우리 나라에서 다섯 손가락 안에 드는 중추도시로 성장했고 그 성장의 여파로 쏟아내는 공장 폐수와 생활하수가 금강을 썩게 하는 주 요인이 되고 있다.

날은 서서히 어두워지고 갈 길은 멀다. 기다리는 김동수 국장은 계속 통화 중이다. 언제쯤 연락이 될까. 저물도록 걸어가야 하나? 그런데 저 앞에 웬 승용차가 주차해 있다. 자세히 보니 김동수 씨 차였다. 사막을 지나다 오아시스를 만난 격이다. 우리가 늦게 올 것을 감안하여 지도를 보고 이곳으로 찾아와 기다렸단다. 족집게 점쟁이가 따로 없다. 나밝골마을에서 강을 두고 차에 오른다.

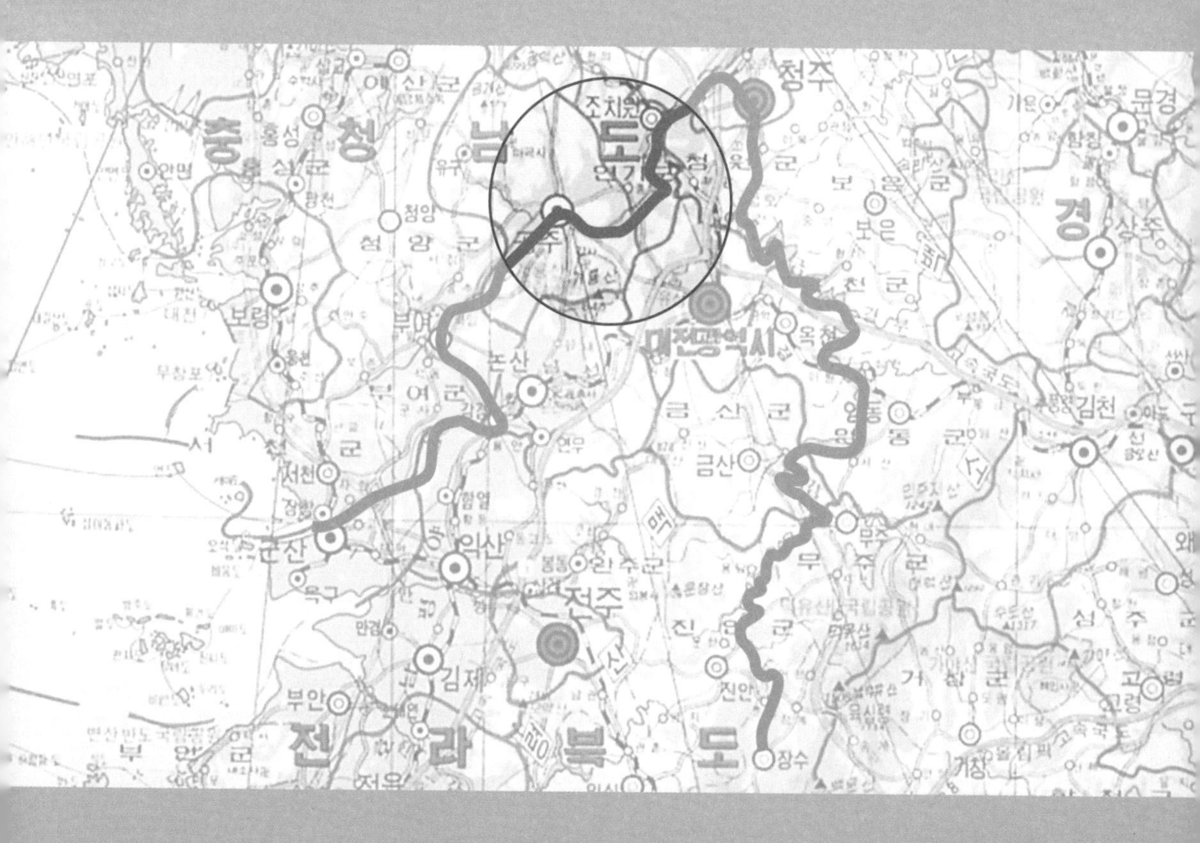

4구간

부강포구에서 부여 현북리까지

조기로 줄부채질을 하던 부강포구는 간 데 없고
흘러가는 물도 필요한 만큼만 떠서 써라 | 꿈을 건져올리는 사람

조기로 줄부채질을 하던 부강포구는 간 데 없고

아침을 깨우는 매포역의 기차 소리

김재승 회장이 운전하는 차를 타고 안개 속에 청원군 부용면 부강리 매포역에 도착한다. 이곳 부강은 연개소문이 남하정책을 추진하다가 서해를 돌아 금강을 거슬러 올라오던 중 강변에 화사하게 피어 있는 부용꽃을 보고 지명을 붙였다고 한다.

차를 쌍용양회 가는 길에서 돌려보내고 지도를 먼저 본다. 오늘 일정은 공주 장기면까지인데 지도에서의 강은 완만하다. 길이 있을 듯싶어 소로로 접어들지만 시골길이라는 것이 인삼밭이나 채마밭이 조성되면 끊어지는 것이 다반사다. 아침부터 이슬에 흠빽 젖는다.

벌써부터 금강은 이상야릇한 악취를 풍기고 강은 안개 속에 갇혀 있다. 금강 가에 갈대가 많으므로 가루개, 갈호개 또는 노호라고 부르는 가루개 마을. 그 동남쪽에 있는 매포역은 1934년에 세워졌다. 역 서쪽에 매보루 들판이 넓게 펼쳐져 있다. 말미개나루도 사라진 강변에는 강물 소리 들리지 않고 아침을 깨우며 가는 기차 소리만 들린다. 길이 끊겼을까 우려하며 가서 보니 예전만 해도 우마차가 다녔을 법한 길이 있지만 숲이 우거진 채 희미하기 그지없다.

매포역 | 경부선 열차가 지나는 이 역은 금강변에 있다.

길 바로 아래에는 냉장고며 세탁기까지 각양각색의 쓰레기들이 수북이 버려져 있다. 버려도 버려도 생겨나는 쓰레기들과 버려도 버려도 생겨나는 욕심들은 어떠한 연관 관계를 맺고 있을까.

청원군 부용면 골안마을 길이 끝나자 배나무 과수원이 나타나고 강변에는 이번 태풍에 떨어진 배들이 산더미처럼 쌓인 채 썩어가고 있다. 한숨 쉬는 농민들의 모습이 절로 눈앞에 선하다.

일주일 전의 강물과 지금의 강물은 너무도 다르다. 이 길 위쪽까지 강물이 범람했다면 얼마나 많은 사람들이 조마조마했을까? 나무나 풀이 뿌리 깊지 못하면 바람이나 물결에도 저렇게 쓰러지듯이 사람들의 목숨 또한 마찬가지다. 이 세상이라는 파도는 얼마나 거칠고 험난한가.

내가 상념에 빠져 걷는 사이 발길은 원말 또는 선말이라고 불리는 마을을 지난다. 300여 년 전 송동춘이라는 사람이 세웠다는 서원이 있어 부르다 보니 선말로 이름이 변한 것이다. 그런 예는 전주에서도 찾아볼 수 있다.

예수병원 넘어가면 화산서원이 있었지만 화산서원은 터만 남고 사람들은 선너머라고만 불렀다. 그래서 은하 아파트 네거리를 선너머 네거리로 고쳤으나 길 이름은 서원으로 남아 있었다. 그러던 것을 최근 들어 선너머길로 바꾸었다. 그러나 소수의 사람들의 반대 의견, 즉 선너머는 의미가 없으니 본디 말인 서원로로 해야 한다는 의견 때문에 서원너머로 되돌려주고 말았다.

중요한 것은 현재 우리가 쓰고 있는 말들을 지역의 이름으로 살려내는 것이다. 그래야 지역의 정체성을 찾는 데 일조할 수 있을 것이다.

답답한 농심, 무거운 발걸음

선말나루에서 금남면 부용리 대오개로 건너는 나루터가 선말나루터였다고 하고 그곳에는 선말당기라는 소가 있었다는데 아무리 둘러봐도 흔적조차 없다. 지도에도 없는 공단에서는 태백의 황지천에서나 볼 수 있는 썩은 물이 흘러 금강으로 유입되고 있다. 황성골을 지나 배나무 과수원 옆에서 쉬기로 한다.

다행히 주인이 있다. 내가 과수원으로 내려가 지나가는 나그네인데 배 몇 개를 사 먹었으면 한다고 이야기하자 주인은 배 네 개를 가지고 와 3천 원만 달라고 한다.

"저번 추석 때 목을 놓치는 바람에 아직 마수도 안 했어요. 마수만 했다면 몇 개 거져 드려도 될 터인데. 그나저나 우린 다 망했어요. 저 배나무 밑에 떨어진 배 좀 봐요. 태풍이 온다고 했을 때 대청댐에서 조금만 일찍 물을 내려보냈어도 이러지는 않았을 텐데. 느닷없이 초당 3천 톤씩 물을 내려보내는 바람에 공주, 부여, 논산 이쪽 일대 농사꾼들은 절딴났어요. 비가 더 와서 그렇게 된 것이면 몰라도 댐에서 내려온 물 때문이니 억울하죠. 배나무 과수원 가득히 물이 잼겼지만 10원 한 장 못 건진 데가 많구만요. 그래서 면사무소에 갔더니 보상신청 하라고 혀놓고 차일피일 미루기만 허는 거예요. 수자원공사 대청댐사무소는 청주나 대전의 식수인 물 문제에만 급급했지. 대청댐 하류 농민들에 대해선 생각조차 안 허는 거예요. 그러니까 홍수 고비가 이틀에서 사흘인디 그것만 조정하다가 태풍이 온다니까 물을 급하게 내려보낸 거예요."

청원면 무용리 금오 3구에 살고 있는 유만용(64세) 씨의 한숨 속으로 담배 연기만 흩어져간다.

강을 따라 걸으면 그 강이 넓어지는 만큼 내 마음이 넓어지고 깊어지리라 생각했는데 강을 따라 걸을수록 왜 이다지 시름만 깊어가고, 마음은 만신창이가 되고 있는지 모를 일이다. 과수원 주인에게 "우리가 저 금남면 부용리 거쳐 장기까지 가야 하는데 저 다리를 건널 수 있을까요?"라고 묻자 "그럼요. 여그서 공주, 부여로 혀서 가면 갱경이 금방 나와요."라고 대답한다.

『동국여지승람』 연기현 편에 "백성들이 농사에 부지런히 힘쓰고 남을 고자질하는 풍습이 없다."고 하였고 조선 선조 때의 문신 윤기가 "사람들은 화평하여 함께 생업을 즐기고 장사꾼과 나그네도 양식 싸가지고 갈 필요가 없네."라고 노래했을 만큼 살기 좋았던 이 고장에서 왜 이렇

부강포구

금강 상류 지역에 있었던 부강포구는 금강 수운의 가항 종점이었으며 수운에 이용되었던 하항이었던 까닭에 충청 내륙지방의 관문 역할을 했다. 또한 황해에서 생산되는 어염과 일용 잡화들이 이곳으로 모이고 그 일대에서 생산된 농산물들이 집산되었던 경제의 중심지가 부강포구였다.

대전, 청주 등 충청도 내륙도시의 근대화 과정에서 중요한 역할을 담당했던 부강포구를 청주대 경제학과 김신웅 교수는 "부강포구는 충청지역 경제발전의 모체와 시원"이라고 평하였다.

듯 우울한 이야기만 듣고 가는가? 무거운 발걸음으로 씁쓸한 작별을 고하고 지형이 비틀이처럼 생겼다 해서 구들기라는 이름이 붙은 마을을 지난다.

부강 약수로 이름이 높았던 이곳 부용에 옛 시절 이름이 높았던 부강포구가 있었다.

부강포구가 전성기였을 당시에는 초사흘과 보름에 한 번씩 지내는 배 고사떡만 얻어먹고도 인근의 사람들이 살 수 있을 정도였다고 하며 이곳으로 배들이 싣고 온 해산물이 얼마나 많았던지 조기로 줄 부채질을 하고 미역으로는 행주를 삼았으며 명태로는 부지깽이를 했다고 하니 이 부강포구의 규모를 짐작할 만하다.

부강포구가 있었던 현재의 부강중학교 앞(신한 부강공장, 오뚜기식당 일대) 금강변은 강폭이 넓고 수심이 깊어 300여 척의 배를 한꺼번에 정박할 수 있었고 배를 매어놓을 수 있는 아름드리 버드나무가 즐비하게 서 있어 '삼버들'로 불렸다고 한다. 강경이나 군산 등지에서 보름 이상 걸려 싣고 온 소금과 해산물을 등짐 장수들이 경기도 안성, 보은, 상주에 이르기까지 가지고 갔다.

그 당시 소금을 실어나르던 소금 배는 1천 섬을 실을 수 있는 비교적 큰 규모의 황포 돛단배였고 황포 돛단배가 마지막으로 올라온 것은 60여 년 전까지였다고 한다.

금호 1리에 사는 오태수(66세) 씨의 말에 의하면 대청댐이 생기기 전에는 영동, 옥천에 비가 50밀리미터만 내려도 이 들판이 다 잠기기 때문에 물 단속을 했다고 한다.

수많은 장사꾼들이 북적거리던 부용포구도, 검시나루도 사라진 강변을 지나 부용리로 가는 임시다리를 건넌다. 강 위쪽 여울에는 골재 채취를 하는 중장비가 어슬렁거리고 부용봉(222미터) 아래의 원부용마을은 한가롭게 펼쳐져 있다.

미호천과 금강이 만나다 | 경기도 안성에서부터 시작된 미호천이 금강으로 유입된다.

우리는 천천히 강가를 따라가기로 한다. 강물이 줄어들면서 새들의 발자국이 조금 전에 지나간 듯 선명하고 길은 그때부터 엉망이다. 길이 없어진 것이다. 물이 범람한 뒤 생겨난 웅덩이가 일종의 호수를 이루었고 뻘밭은 발을 옮기기조차 힘들 정도로 푹푹 빠져 돌아갈 수밖에 없다.

마을 위에 부용봉이 있으므로 부용리라 불리는 부용마을에는 연꽃이 물에 뜬 형국의 명당자리가 있다고 하고 강가에는 어느 곳이나 쓰여 있는 낡은 게시판이 기우뚱하게 세워져 있다.

'이 지역은 골재 채취 지역으로 수심이 깊어 위험하오니 수영이나 낚시 등 일체의 접근을 금합니다. 연기군수'

저렇게 써 붙인다고 제대로 지켜질까. 강은 부용리에서부터 굴곡 없이 완만하게 흐른다.

봉기리 역시 비봉귀 소형의 명당이 있다고 하며 마을 뒤편은 이씨, 최씨, 정씨의 세 성을 따라 사람들이 살았다 하여 삼서들이다. 우거진 나무 숲길에서 빨갛게 익어가는 파리똥나무를 만났다. 제법 토실토실한 열매를 따서 셋이서 나누어먹는다. 새콤하고 달콤한 이 맛을 어느 과일에 견줄 수 있으랴.

금강이 이곳에서 드디어 미호천美湖川과 합류한다.

드디어 미호천을 만나다

미호천의 발원지는 음성군 음성읍 감우리 보현산 북쪽 계곡에서 제일 높은 곳에 있는 옻샘이다. 동진 또는 작천이던 이름이 언제 미호천으로 바뀌었는지 정확하지는 않아도 이름을 짓는 어떤 사람이 충북 음성군 대소면의 미곡리와 삼호리에서 한 글자씩 따서 지은 것으로 보인다.

대전 바로 아랫부분까지 0.511ppm이던 금강의 수질이 이곳 미호천을 지나며 3급수로 전락한다. 대전시의 생활하수와 산업폐수를 집중적으로 받아들인 금강이 청주시를 거쳐온 미호천과 합류하는 연기군 남면 나성리 금남교 아래에서 수질을 측정한 결과 2000년 4월 기준으로 4.7ppm으로 떨어진 것이다.

경상도를 흐르는 낙동강의 오염에 금호강이 미치는 영향이 27.6퍼센트인데 반해 갑천과 미호천이 금강 수질에 미치는 영향은 전체 오염 부하량의 약 49퍼센트를 차지하고 있는 것이다.

그런 까닭에 한국수자원공사 대청댐사무소의 한 관계자

미호천에 대한 옛기록

이중환은 『택리지』에서 "마일령의 북쪽과 거대령의 서쪽 중간은 큰 평야가 전개되었는데 동서 두 산맥에서 흘러내리는 물은 들 가운데서 합쳐 작천(현재의 미호천)이 된다. 작천은 진천 칠정七亭의 동남에서 근원하여 금강 상류의 부용리(현재의 부용산 남쪽)에 들어간다."고 하였고, 김정호가 만든 『대동여지전도』에 미호천이 동진東津이라고 표기되어 있는 것으로 보아 동진 또는 작천이었음을 알 수 있다. 한편 한글학회에서 펴낸 『한국지명총람』에는 "음성군 삼성면 마이산에서 발원하여 남쪽으로 흘러…… 연기군 동면 합강리에 이르러 금강으로 들어감."이라고 기록되어 있으며 1918년에 발간된 『조선지리자료』에는 "미호천의 발원지는 충북 음성군 삼성면과 경기 안성의 이죽면이며 하구는 연기군 동면과 남면 사이로 길이는 89.2킬로미터"라고 기록되어 있다.

가 "대전, 청주권에서는 용담댐이 대청댐의 수질에 나쁜 영향을 미친다고 반발하지만 용담댐 물이 전주, 익산, 군산 등 오염이 심한 금강 하류지역에 공급된다는 사실을 알아야 한다."고 말한 것은 의미심장하다고 볼 수 있다.

이러다가 1970년대에 라켈카슨이 『소리 없는 봄』에서 예고한 것처럼 봄이 되어도 숲속에는 새소리가 들려오지 않고 얼음이 풀린 강물 속에서도 물고기들이 헤엄치지 않는 죽어버린 봄, 소리를 잃은 봄, 계절이 바뀌어도 기지개를 켜며 다시 눈 뜨지 않는 봄이 오게 되지 않을까 걱정이 앞선다.

이곳 봉기리에서 남면 양화리로 넘어가는 나루가 새나루였고 강 가운데에는 누에섬이 있다. 모양이 누에같이 생긴 누에섬은 모래 채취로 인해 사라져버릴 위기에 처해 있다. 몇 년 후에는 저 섬이 우리 시야에서 사라지고 옛날을 회고하는 이름 속에나 남아 있을지도 모른다.

나는 아무렇게나 길가에 퍼져앉아 강 건너 노적산(181미터)을 바라다본다. 그 산 아래에는 꽃나무가 많아서 이름 지어진 꽃재가 있다. 강 건너 합강리 거령뜸에는 회헌 안유를 모신 합호서원과 보석골, 용당, 생소, 서당말이 펼쳐져 있고 뒤편에 솟은 산이 황우산(496미터)이다.

병들어가는 금강을 살릴 방법은

근처 한일 레미콘 공장 식당에서 허겁지겁 고픈 배를 채우고 있을 때 핸드폰이 울린다. 오늘 오후를 함께 걷고 하룻밤 지내기로 했던 공주의 유재열 씨에게 전화가 왔다.

그와 독락정 근처에서 만날 것을 약속하고 한일교를 건넌다. 다리 아래로 은빛 비늘을 번쩍이며 물고기들이 헤엄치고 있다. 저렇게 무리 지어 고기들이 노니는 것을 보면 삼성천은 다행히 오염이 심하지는 않은 모양이다.

금남대교 | 행정수도가 들어서는 연기군 남면과 금남면 사이 금강에 놓인 다리.

반곡리로 들어가는 길에는 코스모스가 하늘거리고 마을 앞 금강가에 있었다는 앵청이나루는 흔적조차 없다. 금강의 남쪽 면이라는 뜻의 금남면 강가의 길은 공사차량 때문에 걷는 것 자체가 위험할 뿐만 아니라 여간 불편한 게 아니다.

반곡교를 지나며 길은 조금 넓어지고 중학생들이 집으로 돌아가고 있다. 그렇지, 오늘은 토요일이지. 날은 따사롭고 바람은 입김처럼 미세하게 불지만 어디 한 곳 그늘이 없다.

드디어 길은 두 갈래로 나뉜다. 우리가 걷고 있는 이 대평 제방은 1933년에 쌓기 시작하여 7년 만에 완성되었고 그 뒤 큰 들이 만들어지며 대평리가 되었다.

그러나 1946년 여름 큰 홍수가 나서 360호나 되던 마을 전체를 휩쓸고 말았다. 그 뒤 대평마을은 물에 잠기고 이재민들은 용포리로 이주했다. 현재 집 여남은 채만이 남아 있는 대평리는 구대평마을이라 부른다. 대평들은 지금 노란 황금 들녘이다.

열흘쯤 걸려 걸어오는 동안 보아온 금강은 도처가 병들어가고 있다. 오래지 않아 도저히 치유할 수 없는 지경에 이르게 될 것이다. 치유할 방법이 있을까? 무엇보다 먼저 제반 문제를 제대로 파악하는 것부터 시작되어야 할 것이다.

"각 자치단체와 학계에 의존할 것이 아니라 농민단체도 좋고 문화단체도 좋고 금강의 심각성을 인식하는 몇몇의 단체와 사람들이 모여 금강 문제를 허심탄회하게 이야기하고 연구하고 살리는 운동들을 전개할 수는 없을까." 하는 내 말에 채성석 씨는 그게 말처럼 그렇게 단순하지만은 않다고 말한다. 수많은 단체들을 만들어보고 연합도 해본 사람들은 알 것이다. 사회운동단체나 문화운동단체들이 뜻을 모아 같은 일을 해나가는 것이 현실적으로 얼마나 어려운가를. 이렇게 천 리 길을 한 걸음 한 걸음 걸어가도 아직까지 제대로 파악되지 않은 제반 문제들을 당위성만으로 해결한다는 것이 쉬운 일은 아닐 것이다.

저만치 금남대교가 보이고 그 위로 자동차가 꼬리에 꼬리를 물고 지나간다. 몇 가지 가을 꽃들이 억새와 갈대 속에 뒤섞여 피어 있고 들판은 눈부시게 노랗다. 씀바귀, 패랭이, 달맞이꽃, 양초꽃, 달개비 들이 저마다 뒤질세라 화장하고 피어난 제방 아래 금강은 지금 온통 공사판이다.

퍼가도 퍼가도 마르지 않는 샘물처럼 퍼가도 퍼가도 다시 떠내려오는 모래를 파내어 돈으로 바꾸는 저 풍경. 그럼에도 불구하고 충남에서는 금강을 종합적으로 개발하겠다며 종합계획을 세웠고, 이에 반대하여 지역 환경단체들이 들고일어났다.

금강종합개발계획

대전환경운동연합과 충남환경운동연합은 지난 14일 "현재 충남도가 추진하고 있는 금강종합개발계획은 금강의 환경을 고려하지 않은 무분별한 개발"이라며 즉각 중단할 것을 요구하는 성명을 발표했다.

충남 연기군 금남면에서 서천군 마서면 금강 하구둑까지 전 연장 110킬로미터에 이르는 금강종합개발사업은 사실상 전 충남 금강지역을 대상으로 추진되고 있다.

지역 환경단체들은 "한강의 경우 종합개발 후 하수처리장 건설 등으로 수질 오염원을 거의 차단했음에도 모래사장이 사라지고 정체 기간의 증가로 조류 발생이 크게 늘었다."고 지적하고, "금강의 경우는 한강보다 수질이 2배 이상 악화돼 있고 청주 대전 등의 하수처리율이 낮아 부영양화의 진행은 불을 보듯 뻔하다."고 비판했다.

또 공주시의 경우 곰나루 골재 채취로 낮아진 하상 때문에 상수원 취수가 어려운 실정이라고 지적했다. 결국 "현재의 무분별한 개발이 진행될 경우 금강 바닥의 모래는 사라지고 저 유속과 더불어 유기퇴적물로 뒤덮힌 진흙뻘층이 형성될 것"이라는 것이다.

-내일신문, 2007년 7월 26일자

독락정 | 행정수도 근처에 자리 잡은 독락정.

장기 근처 금강 | 행정수도 예정지인 공주시 장기면 부근의 금강.

강 건너에는 장남평야가 펼쳐져 있고 그 뒤편에 필봉처럼 우뚝 솟은 산이 원사봉(254미터)이다.

우리는 새로 만든 금남교를 지난다. 이렇게 육중한 금남대교도 차들이 지나갈 때마다 눈에 보이게 흔들리고 강은 비로소 소리를 지르며 흐른다. 강 건너 나성리 희망농장 뒤편 나무숲 우거진 나성에 독락정이 있다. 앞에 맑은 금강물이 흐르고 흰 모래가 아름다워 조선 초 양양부사를 지냈던 임목이 그 아버지 임난수의 유언으로 이곳에 독락정이라는 정자를 짓고 남은 생을 보냈다.

이 나성리에는 서하 임춘, 전서 임난수, 부사 임목, 위의장군 임홍 등 삼대에 걸친 네 사람을 배향한 기호서사가 있었는데 고종 5년에 헐리고 지금은 임씨의 제각이 들어서 있다. 또한 나성에는 백제 때 쌓았다는 토성이 있었으나 지금은 사라지고 없고 금강가에는 건너편 태평리로 건너가는 나성나루가 있었다.

서거정이 그의 시에서 "귀령龜嶺을 넘어갈 땐 험하기도 하더니, 연기燕岐 땅 들어서니 길도 평탄하구나. 산은 멀리 계룡산을 연해 푸르고, 물은 금강에 들어와 밝구나. 오가는 손들이 저다지 빈번하니, 보내고 맞는 일 어느 때 끝이 나랴. 처량한 외로운 객관의 밤에 멀리 다니는 손(객의) 심정이 산란하다."고 노래하기도 했다.

욱안 둑을 지나 송원의 전원식당에서 휴식을 취한 뒤 제방길을 걷는다. 풀숲이 우거질 대로 우거져 한 발 한 발 옮기기조차 힘들다. 그래도 길은 계속되고 대교천을 건너며 드디어 공주시 장기면에 접어든다.

강에는 모래 채취선이

강가에는 버드나무가 숲을 이루고 오른쪽 산에는 석산 개발이 한창이다. 불도저의 굉음과 함께 흙먼지로 뿌옇다. 우리 나라 어느 곳인들 공사 중 아닌 데가 없다. 금방 길 내는가 싶으면 어느새 그 길을 뜯고 있다. 특히 보도블록은 일 년 내내 성할 날이 없다. 오랜만에 금강다운 금강을 만났는가 싶었는데 유림석산개발지에서 들리는 기계 소리로 내 마음은 편치 않다.

수양버들은 가지를 강물에 드리우고 길가에는 중년의 부부가 형형색색의 조화를 펴놓고 앉아 손님을 기다리지만 어쩌다 오가는 차들은 그냥 스치고 지날 뿐이다.

그때 반가운 얼굴들을 만난다. 공주 환경운동연합 사무국장인 이대원 씨와 불교청년회 부소장인 유재열 씨가 영평사 젊은 스님이 운전하는 차에 타고서 삶은 밤이며 음료수까지 가지고 격려차 온 것이다.

길가에 널브러져 앉아 밤을 먹고 한 시간쯤 더 걷기로 한다. 한 시간만 더 걸어도 내일 일정이 수월할 것이다. 강 건너 산에는 누군가가 그림 같은 별장을 짓고 있고 그 산 그림자가 강물 위에 잠겨 있다. 장기에서 남면으로 가는 비포장도로 아래 강변엔 비치 파라솔까지 쳐놓고 낚시질이 한창이고 저 건너가 공주시 반포면 도남리이다.

이곳 금암리 불티나루에서 금강을 건너갔다는데 저곳도

울음이 타는 가을 강
박재삼

마음도 한자리 못 앉아 있는 마음일 때,
친구의 서러운 사랑 이야기를
가을햇볕으로나 동무삼아 따라가면,
어느새 등성이에 이르러 눈물나고나.

제삿날 큰집에 모이는 불빛도
불빛이지만
해질녘 울음이 타는 가을 강을 보겠네.

저것 봐, 저것 봐,
네 보담도 내 보담도
그 기쁜 첫사랑 산골 물소리가
사라지고
그 다음 사랑 끝에 생긴 울음까지
녹아나고
이제는 미칠 일 하나로 바다에
다와가는,
소리 죽은 가을 강을 처음 보겠네.

역시 예외가 아니다. 몇 개의 산들이 깎여 있고 또 다른 산이 머리를 깎은 듯 벌건 살을 드러내고 있다. 길은 고개를 넘어가고 대청댐 이후로 가장 아름다운 금강이 발 아래로 깔린다.

우리가 지나온 대평리가 저기쯤 있을 것이다. 저 너머 곳곳에 있는 아름다운 강줄기가 개발이라는 이름으로 훼손되고 있다.

"저 앞 좌측에는 삼림환경연구소가 있고 우측이 농업연수원이었지요. 그리고 저곳이 바로 창벽이에요. 보세요. 저기서 물이 꺾이며 아주 빨리 흐르잖아요."

저기서 꺾인 강물에 저물어가는 가을 햇살이 내리쬔다. 오늘 일정은 이렇게 불티고개에서 막을 내리고 우리는 영평사로 갈 것이다. 어스름해지는 금강 가에서 나는 박재삼의 시 한 편을 떠올리며 봉고차에 몸을 실었다.

영평사에 가보니 생각보다 큰 절이다. 조그만 암자 정도로 예상했는데 넓은 경내에는 아직 푸른 구절초들이 빼곡하게 들어차 있다. 저녁 공양을 하면서 유재열 소장의 이야기를 듣는다.

"모든 사람들이 불교의 바루 공양만 실천한다고 해도 음식물 쓰레기가 하나도 안 나올 테니 쓰레기장 몇 개는 안 지어도 될 것입니다."

장군산 밑에 위치한 이 절을 창건한 환성 스님은 10여 년 전에 이곳에 들어와 이만큼 사세를 키웠다고 한다. 그뿐만 아니라 환성 스님은 공주 지역의 환경문제와 청소년 문제에 지극한 애정을 기울이고 있다고 한다.

김재승 회장은 절에서 밥을 먹으면서도 금강 타령이다.

"대청댐은 충청도의 젖줄이라고 외쳐댈 것이 아니라 금강 유역인의 젖줄이라고 해야 합니다. 그래서 충청도 사람들은 전북 사람들이 용담댐을 막은 후 전북으로 빼갈 것 아니냐고 목소리만 높이는데 본질적인 금강 살리기부터 나서야 할 것입니다."

어떻게 하든 목적만 달성하면 되는 것이 아니라 대동정신으로 원칙에 입각해서 여러 꼬여 있는 문제들을 해결해야 할 것이다. 출타했던 환성스님이 들어오시며 건네주신 송이차 한 잔에 피로한 마음을 비운다. 어린 시절 먹었던 송이버섯의 맛이 떠오른다. 아버님이 깃대봉에서 따오셨다는 송이버섯의 맛은 얼마나 감칠맛 나던가.

피곤한 몸을 누일 자리를 폈다.

흘러가는 물도 필요한 만큼만 떠서 써라

새벽 종소리에 깨어나는 정신들

새벽이다. 새벽 종소리가 가슴에 파고들어도 나는 일어날 수가 없다. 목탁 소리 들리고 스님이 천수경을 낭송하며 도량석으로 천지만물을 깨우고자 돌아다니는 시간에도 나는 일어날 수가 없다. 곧이어 청아한 목소리로 새벽 예불이 시작되고 나는 이불 속에서 꼼짝도 않은 채 듣기만 하고 있다. 아무도 뒤척거리지 않는다. 잠은 그렇게 어제의 몫까지 채워지고 5시 50분에 일어나 이불을 갠다.

아침 공양을 알리는 목탁 소리. 남길 수 없어 한 그릇을 다 비웠다. 배낭을 정리하는 사이 스님이 들어오셔서 차 한 잔을 주시며 말씀하신다.

"마음먹기 달렸다, 말이 씨가 된다 라는 말이 있듯이 마음이 움직여야 말도 하고 발걸음도 움직이잖아요. 무슨 일이든지 마음먹기 달렸어요. 마음먹은 대로 돼요. 죽네, 죽네 하면 죽는다잖아요. 천지창조도 마음에서부터 비롯된 것이에요. 마음을 알기 위해서 수행을 하고 스스로 부처가 되자는 것이지요. 이미 부처의 씨앗은 모든 사람들의 마음 속에 내재되어 있지요. 극락세계는 이치적으로 성불해야 한다는 것이고 모든 번뇌와 망상이 없어진 뒤에야 갈 수 있는 것이지요. '중생이 고통이 심하니 극락세계를 건설하겠다. 내 이름을 몇 번만 불러도 성불하도록 하겠다.' 고 한 분이 아미타부처님이지요. '번뇌가 다하면 평온하다.' 그래서 이 절 이름을 모두가 평온해지라는 뜻으로 영평사라고 한 거예요"

말씀은 끝이 없다. 형형한 눈빛, 듬직한 체구에서 나오는 그 말씀이 흐르는 강물과 같다.

"자기가 저지른 일은 조금이라도 변명할 수가 없어요. 마음이 순화된 정도에 따라 천국에 갈 수 있지요. 성불을 하게 되면 마음의 근원을 깨닫지 않고도 육도윤회를 깨닫게 되고 대우주의 기운과 하나가 되는 것이 성불이 되는 것이고, 성불은 진리가 되는 것이라고 말할 수 있지요."

잠시 쉬는 사이 화제가 금강으로 넘어가며 김재승 회장이 말을 받는다.

"금강만 해도 그렇지요. 금강 유역권 안의 모든 물들이 모여 군산 앞바다로 흐르게 되어 있는데 남한에서 세 번째로 긴 금강은 남한 면적의 10분의 1이지요. 그런 의미에서 우리 나라도 경상도, 전라도, 충청도 할 것이 아니라 강 유역을 따라 금강도, 낙동도, 한강도, 섬진도로 바꾸는 것도

영평사 | 영평사의 주지인 환성스님

한 방법이 될지도 모릅니다. 그리고 이스라엘이나 독일이 하루 물 사용량을 200리터쯤으로 제한하고 있는데 우리나라는 댐을 만들면서 2010년에는 500리터를 쓰게 하겠다고 하는 것은 문제가 있어요. 21세기의 물 정책은 물을 적게 쓰는 것이라고 볼 수 있지요. 물이 지천으로 많았기 때문에 의식도 못한 채 무작정 쓴 것이지요. 물은 태초나 지금이나 똑같습니다. 물은 대기권 밖으로 못 나가고 순환만 하기 때문에 똑같을 수밖에 없어요."

다시 환성 스님의 말이 이어진다.

"그래요. 부처님은 흘러가는 물도 필요한 만큼만 떠서 쓰라고 했지요. 우리 부처님은 최초의 환경운동가라고 할 수 있어요. 자연과 인간이 하나 되는 것이 중요해요. 원수만 사랑한다고 되는 것이 아니지요. 종합해서 볼 때 생명계가 다 같이 균등하게 살 수 있게 말씀하신 게 석가모니예요. 그런 면에서 우리 모두 물 절약을 실천하는 것을 가르쳐야지요. 북한에서는 오염될까봐 계곡물에 손을 안 씻는다고 하잖아요."

'잘 쉬었다', '잘 가시라'는 인사를 나눈 뒤 안개 속에 영평사를 두고 우리는 떠났다.

구절초 핀 영평사 | 가을의 꽃인 구절초가 한창이다. 이곳의 구절초는 나라 안에 제일이다.

우윳빛으로 빛나는 가을 구절초

9월 24일 아침이다. 오늘도 어제도 변함없이 아침 강변에 안개가 자욱하다. 불티재 공사장에 중장비들은 쉴 새 없이 움직이고 위험하다고 길을 막는 현장 경비원들을 설득하여 다리를 건넌다.

아침에 보고자 했던 창벽은 안개 속에 보이지 않는다. 강을 건너며 피밭을 만난다. 지난밤 내린 이슬에 거미집들이 은빛으로 빛난다. 앙드레 지드가 『지상의 양식』에서 "그대 눈에 비치는 사물들이 순간마다 새롭기를, 현자賢者란 바라보는 모든 것에 경탄하는 사람이다."라고 말하지 않았던가. 오늘 만나는 모든 사람, 모든 사물이 내 눈에 비칠 때마다 신선해지고 경이로움으로 가슴이 떨리기를 기원한다.

"중국에 적벽강이 있다면 한국에는 창벽이 있다고 하지요. 푸르고 푸르러서 창이 되었고 청보다 창이 더 푸르다고 합니다."

유재열 씨의 말에 귀 기울이며 창벽 벼랑의 바위를 바라보니 그새 구절초 꽃이 피어 있다. 제1회 안면도 꽃박람회 상징 꽃으로 선정된 구절초는 가을꽃으로 단연 돋보이는 아름다운 꽃이다. 우윳빛으로 빛나는 가을 구절초를 한아름 따다가 구절초 화전을 부쳐 먹으면 입 안 가득 무르익은 가을 냄새가 살아날 것만 같다. 나는 암벽에 매달린 푸른 이끼를 시샘하듯 피어 있는 구절초를 바라보며 공주의 시인 나태주의 「다시 혼자서」를 떠올렸다.

구절초는 그렇듯 소박하면서 화려하고, 화려하나 천박하지 않고, 기품이 있으면서 교만하지 않아 우리네 선조들이 늘 곁에 두고 감상하며 즐겼던 꽃이다.

무리지어 핀 것은 무리진 대로 화려하고 돌 틈에 외롭게 핀 것은 외로운 대로 아름다운 구절초를 넋을 잃고 바라보

다시 혼자서
나태주

쑥부쟁이를 들국화라
믿던 때가 있었다.
보랏빛 10대, 혼자서

구절초를 들국화라
우기던 시절이 있었다.
순결한 20대, 둘이서

이제 쑥부쟁이도 구절초도
들국화가 아님을 안다.
쓸쓸한 50대, 다시 혼자서

들국화는 진노랑색
손톱만 한 꽃송이 당알 당알
엉겨붙어 피어나는 가을들 풀꽃

그러나 아무려면 어떠랴.
쑥부쟁이를 들국화라 믿으면
이미 들국화요
구절초를 들국화라 우기면
그 또한 들국화가 아니겠는가.

그래 가보아.
가서 쑥부쟁이는 쑥부쟁이 동네에서
쑥부쟁이로
구절초는 구절초 마을에서
구절초로
그리고 들국화는 들국화로
돌려 보낸다.
그래 잘들 가거라.
잘들 가거라.

창벽을 지나며 | 유근의 시가 남아 있는 공주의 명소 창벽.

고 있었더니, 유재열 씨가 창벽에 대해 한마디 더 한다.

"인촌 김성수 선생이 공주 창벽을 가보고자 했는데 못 가보고 임종시 창벽을 못 가본 게 한이 된다고 했다지요."

아무래도 그 말은 맞을 것 같지 않지만 이 창벽은 100여 길의 큰 벼랑이 금강변에 병풍처럼 펼쳐져 있어 절경은 절경이다.

이중환이 지은 『택리지』「팔도총론」 충청도 편에서 이곳 창벽이 다음과 같이 실려 있다.

성 북쪽에 있는 공북루는 제법 웅장하고 물가에 임하여 경치가 좋다. 선조 때 서경 유근柳根이 감사로 와서 이 누에 올랐다가 시 한 구절을 지었다.

소동파는 적벽강에 놀았으나 나는 창벽에 놀고,
유양은 남루에 올랐으나 나는 여기 북루에 올랐노라.
蘇胴仙赤壁今蒼壁 庾亮南樓是北樓

유근과 허균의 자취가 남아 있는 공주의 창벽 건너편 강기슭에는 이곳을 바라보며 풍류를 즐기기 위해 '남쪽의 누각에서 멀리를 바라본다.'는 뜻으로 세워진 금벽정이 있었으나 지금은 사라지고 없다. 저 아랫자락에는 금벽정 쪽으로 건너던 어귀나루가 있었다.

이 산 위쪽으로 난 길을 따라가면 산림박물관이 나타나는데 입장료 때문에 그쪽으로 난 길을 통제하고 있다.

유근과 허균, 그리고 공주

유근은 허균을 천거했던 사람이다. 임진왜란이 끝난 뒤 선조 33년 겨울에 명나라 신종神宗의 큰손자가 탄생하자 신종황제는 주지번을 조선에 파견하여 왕비에게 비단을 하사토록 하였다. 그때 온 조정이 들끓었다. 신종은 임진왜란 때 은인이었고, 중국 사신으로 뛰어난 인물이 올 것이라 짐작한 조정에선 중국 사신을 맞이할 적임자를 찾고 있었다.

유근을 원접사遠接使로 임명한 조정은 중국 사신과 직접 접촉하게 될 종사관을 구하려 했지만 마땅한 사람이 별로 없었다. 특히 유근은 항상 지방으로만 돌아다녔기 때문에 어떤 인물이 어디에 숨어 있는지 알 길이 막연하던 차에, 서울에 들어와 보니 허균의 문재文才가 당대 제일이라는 소문이 자자하였다. 유근이 허균의 신분을 조사한 결과 허균은 관직에서 물러나 한가로이 놀고 있산림박물관이나 여타의 박물관들은 국가에서 무료로 개방하는 것이 타당하지 않을까? 그래서 사람들이 자연과 문화에 대해 안목을 넓히는 것이 21세기 문화정책에 걸맞은 게 아닐까?

유람선 몇 채가 떠 있는 창벽수상레저를 지나자 대전에서 오는 길과 만나게 되고 터널을 지나면 공주로 또는 갑사로 가는 세 갈래 길이다. 창벽대교가 머리 위로 지나고 다리 아래에는 으름과 다래를 파는 아주머니들이 좌판을 펴고 있다.

창벽 나루터 음식점들이 줄지어 늘어선 강을 가로질러 창벽대교가 놓여 있고 그 아래로 고깃배 두 척이 매어 있다.

옛날 저 건너 새 길이 뚫리기 전까지는 대전에서 공주로 가던 길이 이 길이었다. 강은 창벽에서부터 아름답게 펼쳐지고 잉어인 듯한 큰 고기가 헤엄쳐 올라가고 있다.

길가에 뒤늦게 부용화 몇 송이가 피어 있다. 우리 나라 자치단체들마다 심기 쉬운 꽃만 선호하다 보니 저런 외래종 꽃들만 심게 된 것이다. 이젠 찔레꽃이나 구절초 또는 감국 같은 우리 꽃들은 시골 들판에서조차 찾아보기 힘들게 되었다. 알고 보면 부용화는 서글픈 사연을 간직하고 있는 꽃이다. 하와이로 이민간 한인들이 부용화가 무궁화와 닮았기 때문에 부용화를 하와이 무궁화라고 부르며 설움을 달랬다고 한다.

명덕산 자락 상왕동 큰 목골마을에 접어들어 밤나무 밑에서 10분 간 쉰다. 저 건너가 초등학교 국사책에도 나오

는 몸이었다. 관직을 갖지 않은 사람은 아무리 제주가 뛰어나고 글을 잘하여도 외교관이 될 수 없었다. 중국 사신을 맞이할 적당한 인재는 발견되지 않고 고민 끝에 유근은 허균을 의흥위 부호군義興衛副護軍이라는 임시 군직을 주어서 종사관으로 임명하도록 왕에게 허락을 얻게 되었다.

허균은 그 몇 년 뒤인 1608년 12월에 공주목사로 임명받았다. 그해 여름, 가을, 겨울에 세 번씩 보는 벼슬아치의 법전 시험에서 모두 일등을 하여 그 뛰어난 성적을 인정받아 당상관으로 승진되었기 때문이다.

허균의 나이 40세 되던 1609년 2월 선조가 세상을 떠난 뒤 광해군이 즉위하였고 공주목사 재직 또한 길지 않았다. 서얼이나 천민과 가까이 지낸다는 이유로 허균은 또다시 파직을 당하게 된다.

석장리 구석기 시대 유적지

장기면 석장리에서 1964년부터 10년에 걸쳐 발견된 구석기 시대 유물은 우리 나라에도 구석기 시대가 있었음을 확인해준 중요한 자료로 2만 8천 년 전에 사람이 살았음을 입증했다. 전기·중기·후기의 유적층이 모두 있을 뿐만 아니라 밀개와 집개는 물론 깬석기와 새, 물고기 모양의 돌조각들이 발견되어 그 시대의 상황을 짐작할 수 있게 한다.

공주

공주는 백제의 두 번째 서울이었다. 백제의 개로왕은 궁궐을 새로 짓는 토목공사를 일으켜 민심의 불안을 초래했다. 그때 고구려의 장수왕이 위례성을 침범해 개로왕을 사로잡아 죽였다. 한강 유역을 빼앗긴 백제는, 475년 공주의 옛 지명인 웅천으로 도읍을 옮겼다. 그후 백제가 지금의 부여인 사비성으로 옮기기까지 60여 년 동안 공주는 백제의 서울이었다.

백제를 멸망시킨 당나라는 공주에 웅진도독부를 설치했고 그들이 물러간 후 신라는 웅천주를 두었다.

고려 때에 이르러서야 공주라는 이름으로 개명했고 조선 세종 때 진을 두었다. 갑오년 때 공주에는 충청감영이 있었고, 호남지방으로 통하는 관문의 역할을 하였다. 도청이 1928년 대전으로 옮겨간 후, 지금의 공주는 한적한 교육도시가 되었다.

금강빌라 표지판 | 공산성 오르는 길에 세워진 표지판에는 "이곳에 쓰레기를 버리면 삼대가 망하리라."라는 글이 써 있다.

는 석장리 유적지다.

유적지를 떠나 길을 나서자 대원사라고 쓰인 표지판이 나타난다.

탄생과 소멸은 찰나에 이루어지고

가을이어선지 이 길도 예외는 아니다. 땅강아지, 지렁이, 사마귀, 송장메뚜기, 잠자리, 나비, 독사 등 여러 종류의 생명들이 수없이 차바퀴에 깔린 채 죽어 있는 것을 바라보며 나는 탄생과 소멸을 생각해본다.

준용하천 위에 놓인 오야교를 지난다. 옛 시절 이곳에서 기와를 구었기 때문에 오얏골이 되었고 그 말이 줄어들어 왯골이 되었다는 이 길은 창벽로이고, 거슬러오르면 마한과 백제의 옛 땅이다. 오얏골나루를 지나 논산에서 천안으로 이어지는 국도 다리 아래에서 대전에서 합류하기로 한 답사팀과 만난다.

저 강 건너에 있는 정자가 사송정으로 『택리지』를 지은 이중환의 선대 어른들이 지은 정자이고 저 길이 바로 1번 국도다. 목포에서 공주, 서울 거쳐 신의주까지 이어지는 저 길을 막힘 없이 갈 수 있는 날은 과연 언제쯤일까?

준용하천 혈저천은 동학농민군이 진군 당시 효포전투에서 피가 많이 흘렀다 해서 혈저천이라 부르고 가마골은 전봉준 장군이 가마를 타고 싸움을 독려했다고 해서 가마골이라 부른다.

길가에는 홍초꽃밭이 정갈하게 조성되어 있고 드디어

백제 64년의 고도로 자리 잡았던 공주에 접어든다.

버드나무 길을 건너가자 금강빌라가 눈앞에 나타나고 슈퍼 이름마저도 금강슈퍼다. 어딜 가나 금강이고 우리는 그 금강을 따라가는 순례자들이다. 공산성을 오르기 위해 금강빌라 뒷문으로 나서자마자 나타나는 게시판에 "이곳에 쓰레기를 버리는 자는 삼대가 망하리라."라고 씌어 있다. 그래서일까. 눈 씻고 보아도 그 게시판 밑에는 껌 종이 하나 보이지 않았다. 과태료 100만 원에 처한다고 엄포를 놓아도 쓰레기가 산더미처럼 쌓이는데, 3대가 망한다는 입증도 되지 않은 협박조의 말은 먹히는 것이다. 이 현실을 어떻게 받아들여야 하는가?

금강빌라에서 공산성으로 오르는 산길은 고적하고 눅눅하다. 강은 물살을 그리며 세차게 흘러가고 산길을 조금 올라가자 주인이 출타중인 굿당이 나타난다. 바위에서 솟아나오는 샘물은 원없이 시원하며 물맛도 그만이다. 마당 한쪽에 취나물 꽃이 피어 있고 아무도 없는 집에는 자물쇠만 채워져 있다.

다시 산길을 걸어오르는데 작디작은 산밤이 무수히 떨어져 있다. 우리의 예상은 빗나갔다. 이 산을 오르면 공산성이라 생각했는데 산을 넘자 은계골짜기에 이르고 길은 두 갈래로 나뉜다.

오른쪽으로 가도 왼쪽으로 가도 공산성에 오르는 길이라면 이왕이면 큰 길로 가자고 한 길이 결국 탱자나무 울타리에 막혀버리고 말았다. 할 수 없이 다시 산길을 오른

공주에 대한 옛 기록

• 공주의 영역은 매우 넓어서 금강 남쪽과 북쪽에 걸쳐 있다. 사람들 사이에 전해오는 말에 '첫째가 유성儒城이고, 둘째가 경천敬天이며, 셋째가 이인利仁이고, 넷째가 유구維鳩이다.'라고 하는데, 이것은 공주 일대의 살 만한 곳을 이르는 것이다.

-이중환, 『택리지』

• 차령 이남에 산천의 맑은 기운이 쌓여서 큰 고을을 이룬 것에는 오직 공주가 제일이다. 대개 장백산의 한 갈래가 바다를 끼고 남쪽으로 달려 계림에 이르러서는 원적산이 되고 서쪽으로 꺾여서 웅진을 만나 움츠려 큰 산악을 이룬 것을 계룡산이라 한다. 물이 용담, 무주 두 고을에서 근원을 발하여 금산에서 합쳐져 영동, 옥천, 청주 세 고을을 지나 공주에 이르러 금강이 되고, 또 꺾여 사비강이 되어서는 더욱 더 큰 물을 이루어 길게 구불구불 바다로 들어간다. 이에 공주는 계룡산으로 진산을 삼고 웅진으로 금테를 두르고 있으니 그 산천의 아름다움을 알겠도다.

-서거정, 『취원루기聚遠樓記』

공산성 연지 옆의 누각 | 우리나라에서 가장 오래된 연못이라는 연지 옆에 세워진 누각.

공주 공산성

공산성은 사적 제12호로 지정되어 있다. 문주왕 이후 성왕 때까지의 수도였던 웅진을 수비하기 위해 세워진 이 성의 축성 연대는 국력이 안정되고 축성이 많이 이루어진 24대 동성왕 때로 추정된다. 백제의 21대 개로왕이 고구려 장수왕에게 죽고 그 왕자가 22대 문주왕이므로 웅진으로 천도한 후 공산성에 궁궐을 짓고 성을 쌓았다는 이야기도 있고, 웅진 천도 이전에 이미 성책이 있었다는 견해도 있다. 그 당시 명칭이 웅진성이었고 고려시대 이후에는 공산성, 조선시대에는 쌍수산성으로 불리기도 했다. 이 성의 구조는 석축이 약 1.8미터, 토축은 약 390미터로 총 길이 2.2킬로미터에 이르며 성벽은 이중으로 쌓여 있다. 들어가는 초입에 성의 서문인 공북루, 성의 남문인 진남루가 있으며, 진남루 앞의 넓은 터는 백제 때의 궁궐터로 추정된다. 광복루 못 미친 곳에 임류각 터가 있는데 『삼국사기』 동성왕 22년 조에 "왕궁의 동쪽에 높이 5척이나 되는 임류각이란 누각을 세우고 잠시 거처하기도 하였다."고 기록되어 있다.

다. 공산성으로 오르는 길은 우리 말고 아무도 없어 조용하다. 공산성에 성큼 올라서니 공주는 9월의 햇살 아래 느긋하게 졸고 있고, 우리가 광복루를 지나 임류각 앞에 이르렀을 때 그늘 드리운 느티나무에 노란 단풍이 물들고 있다.

이곳 공주에 대해 『신증동국여지승람』 풍속조에는 "남자는 쟁箏과 피리를 좋아하고 여자는 가무歌舞를 좋아한다."고 실려 있다.

위례성 다음으로 백제의 두 번째 수도였던 공주는 한때 충청남도의 소재지로, 동학농민혁명 당시 충청감영이 있었지만 지금은 매우 한적한 도시가 되었다. 공주 시내에서 무령왕릉으로 좌회전하기 전 오른쪽에 위치한 야산에 계곡을 둘러싸고 있는 산성이 공산성이다.

한편 이곳 공주를 거점으로 나당 연합군에 대항하는 백제 부흥운동이 벌어지기도 하였다.

또한 공주에는 당나라가 백제를 멸망시킨 뒤 백제의 옛 땅을 다스리기 위해 설치했던 행정관청인 웅진도독부가 있었다.

의자왕 20년인 660년에 당나라 고종高宗은 소정방蘇定方을 보내서 신라와 연합하여 백제를 멸망시키고, 5도독부五都督府를 두었다. 웅진도독에는 좌위낭장 왕문도王文度를 임명하여 남아 있는 백성들을 진무하게 하였는데, 왕문도가 바다를 건너오다가 죽자 유인궤劉仁軌로 하여금 그 군사를 거느리게 하였다.

그 당시 백제 땅은 큰 전란을 겪은 뒤라 집집마다 피폐

하였으며, 시체가 마치 풀 우거진 듯 많았다. 유인궤가 비로소 그 유골들을 거두고 백성들을 잘 다스렸다. 그 뒤 5도독부제를 개편하여 웅진도독부를 최고통치부로 하고, 그 밑에 동명東明·지심支尋·노산魯山·고서古西·사반沙泮·대방帶方·분차分嵯의 7주州와 52현縣을 두었고, 백제 왕자 부여융扶餘隆을 도독으로 임명하여 백제 유민을 무마하려 하였다.

공산성 | 공산은 백제의 두 번째 수도인 공주의 진산으로 산의 형상이 벼슬 공公자 형으로 되었다 하여 지어진 이름이다.

그러나 신라의 신속한 백제고지 경략작전經略作戰으로 많은 백제의 옛 땅이 신라에 잠식되어감에 따라 통치의 실효를 거두지 못하고, 677년(문무왕 17) 신라가 남은 영토를 완전히 장악하면서 없어졌다.

또한 신라 헌덕왕 14년(828)에 일어났던 김헌창의 난이 공주에서 평정되었고, 1623년에 일어났던 이괄의 난 때 인조가 이곳을 피난처로 삼기도 했다.

나는 공산성의 나무 숲길을 지나며 흐르는 금강을 가만히 내려다본다. 그 옛날 공산성에 봄물 드는 광경이나 가을 단풍은 얼마나 아름다웠을까? 그러나 지금의 공산성에는 집들만 가득하고 금서루에는 교룡의 노란 깃발만 나부끼고 있다. 한때의 아름다운 시절을 뒤로하고 성문 밖에는 무심히 차들만 지나가고 성벽 바로 아래에는 수십 여 개의 공적비들이 세워져 있었다.

조선이 저물어갈 당시 나는 새도 떨어뜨렸을 만큼 서슬이 퍼렇던 풍양 조씨 조두순도 저렇게 영세불망비로만 남아 있고, 동학농민군들의 못다한 한만이 공주 땅 허공에

공산성 금서루 | 공산성 입구에 있는 성문으로 들머리에는 영세불망비가 줄지어 서 있다.

떠돌고 있다.

토백이식당에서 구수하고 토속적인 점심을 먹고 공주시 금학동에 있는 우금치로 향한다.

우금치 고개는 이 나라 어느 산이나 있음직한 야트막한 산이다. 소만 한 금이 묻혔다고 해서 우금치라고도 하고 소를 몰고 넘지 못한다고 해서 우금고개라고도 부른다. 지금은 이 고개에 포장도로가 뚫려 있고, 그래서 공주에서 부여로, 부여에서 공주로 넘나드는 자동차 행렬이 끊일 날이 없다.

동학농민군의 최후의 결전장인 이 우금고개에 동학혁명 위령탑이 세워져 있다. 이 탑은 5 · 16 군사 쿠데타를 일으켰던 박정희가 세웠다. "5 · 16 혁명 이래의 신생 조국이 새삼 동학농민혁명군의 순국정신을 오늘에 되살리면서 빛나는 10월 유신의 창돌을 보게 된 만큼……"이라는 글귀가 보여주는 것처럼 그는 자기 자신을 위해 일으켰던 군사 쿠데타를 성스러운 동학농민혁명에 비유했다.

탑의 뒷면에 새겨진 그의 이름은 짓이겨져 있다. 또 하나 지워진 이름은 천도교 교령을 지냈던 최덕신이다. 그는 5 · 16 군사 쿠데타가 일어났을 때 제일 먼저 박정희를 인정했으며, 그 덕분에 음으로 양으로 혜택을 받았다고 한다. 그러나 박정희의 눈 밖에 나서 망명을 하였다가 훗날 북으로 들어가 천도교 교령을 지냈다. 그의 아내는 몇 년 전 북한 방문단 단장으로 내려오기도 했다. 최덕신은 북녘 땅에서 쓸쓸히 이 세상을 떠났으며 그 뒤를 이어 천도교령을 지냈던 오익제도 북으로 들어갔다.

치열했던 우금치 전투

바라보면 평화롭기 그지없는 저 공주 시내와 이 산자락 우금고개 견준봉 일대에서 농민군과 연합군의 사활을 건 전투가 며칠간이나 계속되었다.

농민군은 이인과 판치를 선두로 제2차 공격을 시작하였다. 판치를 지키던 구상조 부대와 이인을 지키던 성하영 부대는 농민군의 막강한 공격력에 쫓기어 공주성으로 철수한 후 모든 역량을 총동원해서 공주 방어에만 매달렸다. 효포, 웅치, 우금치에 일본군과 정부군이 배치되었고 내포 방향에 있던 일본군도 공주로 합류했다.

드디어 동학농민군은 공주를 삼면으로 포위한 다음 총공격을 개시하였다. 이때 전봉준은 몸소 가마에 올라타고 홍개를 휘날리며, 기를 들고 태평소를 불며 전선을 총지휘했다고 한다. 동학농민군과 정부 · 일본 · 연합군은 결코 물러설 수 없는 마지막 싸움에 돌입했다. 농민군은 끊임없이 우금치를 향해 내달렸고, 연합군은 우금고개 위에서 막강한 화력으로 무차별 사격을 퍼부었다. 그 처절한 싸움을 관군의 선봉장 이규태는 정부에 다음과 같이 보고하였다.

우금치 | 1894년 서울로 진격하기 위해 올라왔던 동학농민군이 패배한 통한의 장소.

칼과 낫과 몽둥이를 들고 물밀 듯 산으로 올라갔다가 짚단처럼 쓰러지고 또 그 쓰러짐을 보다 못한 아낙네들까지 치마에 돌을 날라다주었던 그 싸움을 우리 어찌 잊겠는가.

농민군은 11월 11일 농민군으로 변장한 관군의 기습공격에 많은 연환과 대포를 빼앗겼다. 그 전투에서부터 전의를 상실해서 더 이상 공주성 싸움 자체가 승산이 없음을 알면서도 전봉준은 11월 12일 「동도창의 소」의 명의를 걸고 경군과 영병 및 일반 백성에게 주는 고시문을 순 우리말로 발표한 후 싸움을 계속하였다.

작게는 1만 명에서부터 10만 명에 이르렀던 농민군의 시체가 우금고개와 개좆배기라 불리는 견준봉 자락에 산을 이루었다. 그들이 흘린 피가 곰내를 적시고 푸르른 금강 물에 흘러 들어갔다. 오죽했으면 농민군의 시체를 모아 한 곳에 매장했다고 해서 송장배미라는 이름이 붙었으랴. 농민군들은 천추의 한을 품고 논산으로 물러났다.

물론 동학농민혁명이 실패할 수밖에 없었던 여러 가지 이유가 있었으리라. 농민군의 주력부대였던 전봉준의 부대는 공주로, 김개남은 전주로, 손화중은 나주로 이렇게 세 방면으로 분산되어 있는 반면, 정부군과 일본군의 연합군은 공주 한 곳에 집중적으로 몰아쳐서 힘의 균형 면에서 이미 어긋나 있었던 것이 사실이다. 농민군 제압에 나선 일본군은 비록 3개 중대에 불과하였다 할지라도 부족한 그들의 인원은 정부군에서 보강되어 있을뿐더러 그들의 작전은 모두 일본군의 수뇌부에서 나왔다.

우금치 전투의 기록들

아, 그들 비류의 몇만의 무리가 연연 40~50리에 걸쳐 두루 둘러싸고 길이 있으면 쟁탈하고 고봉을 점거하여 동에서 소리치면 서에서 따르고 좌에서 번쩍하면 우에서 나타나고 기를 흔들고 북을 치며, 죽음을 무릅쓰고 앞을 다투어 기어오르니 그들을 어떠한 의리와 담략으로 타이르랴. 적정을 말하고 생각하면 뼈가 떨리고 마음이 서늘하다.

–관군 선봉장 이규태의 정부 보고서

• 일군과 관군이 산척에 둘러서 일시에 총탄을 퍼붓고 다시 안쪽으로 몸을 숨기고 적이 고개를 넘고자 하면 또 산척에 올라 총탄을 퍼붓는다. 이렇게 하기가 40~50차례가 되니 시체 쌓인 것이 산에 가득하다.

–「갑오관고」

• 공주 감영은 산으로 둘러싸이고 강을 끼어 지리가 유리한 형세를 가진 고로 이곳에 근거하여 지키고자 하였다. 그러나 일본병을 용이하게 격파하지 못함에 공주에 들어가 일본병에게 격문을 전하여 대치코자 하였으나 사세가 참전하지 아니할 수 없는 고로 제1차 접전 후 1만여 명의 군병을 점고한즉 남은 자가 불과 3천 명이요 그후 또 2차 접전 후 점고한즉 5백여 명에 불과하였다.

–전봉준의 공초

일본군은 일본 국내에서의 내란 진압과 대만에서의 민중탄압, 특히 몇 개월 전에 있었던 청일전쟁을 치르며 축적된 경험을 백퍼센트 활용할 수 있었고 그들의 우수한 화력은 재래의 무기를 가진 농민군을 시종 압도했다. 농민군들은 황토현이나 황룡강에서 관군들을 크게 무찔렀었다. 그 싸움은 이동 중의 싸움이었고, 그들이 지형지물을 손바닥을 들여다보듯이 알 수 있는 지역이었다. 그러나 수성전인 싸움에선 그렇지 못했다. 그렇다면 어느 싸움이 자기들에게 유리한 것인가를 깨달았어야 함에도 농민군은 우금치 싸움에서 그 점을 적절하게 활용하지 못했던 것이다.

전주성에 입성하자마자 김개남이 주장한 대로 곧바로 진격했더라면 상황은 달라졌을 것이다.

조정래는 『아리랑』 1권에서 지삼출의 입을 빌려 이렇게 적었다.

> 황토현 싸움, 전주성 입성, 공주싸움의 피바다, 산 속의 도피, 고향으로 돌아가지 못한 머슴의 은신생활…… 그는 또 땅을 치고 싶은 안타까움으로 가슴이 푸들거리는 것을 느꼈다. 그때 전주성을 차지한 기세 그대로 '한양입경'을 감행했어야만 되었던 것이다. 녹두장군을 하늘이듯 우러르면서도 그 대목에서는 원망스러움을 지울 수가 없었다. 그 생각만 하면 언제나 그랬던 것처럼 그의 가슴은 눈물로 젖고 있었다.

일본군 대위의 동학당 정벌에 관한 보고

농민전쟁 당시 악명 높았던 일본인 모리오 대위는 그가 작성한 「동학당 정벌에 관한 제보고」에서 11월 8~9일(양력 12월 4~5일) 이틀간에 걸쳐 계속되었던 우금고개 싸움의 전황을 이렇게 적고 있다.

12월 4일(음력 11월 8일) 오후 4시 판치의 경계에 임한 경리영병으로부터 오후 3시 우수한 적의 공격을 받아 점차 공주로 퇴거한다는 보고를 받았다.
5일 오후 1시 40분 경리영병의 일부(50명)는 우금치산의 전방 산복으로 나가게 함으로써 우금치 산정에서 떨어지기 약 140~150미터의 산복에 있는 적 좌측을 사격케 하였다. 그런고로 적은 전방 약 500미터의 산정으로 퇴각하였다. 오후 2시 20분 우금치산의 아병을 그 전방 산복으로 나아가게 하고 경리영병으로 하여금 급 사격을 하게 하여 적이 동요한 것을 보아 1소대와 1분대를 적진에 돌입하였다. 이에 적은 퇴거하였다. 따라서 경리영병으로 하여금 추적케 하고 중대는 이인 가도로 나가려 하였다.
중대는 이인 가도로 나와 급히 추격하여 마침내 이인 부근에 이르러 일대 산복에 불을 놓고 몰래 퇴거하였다. 그러나 동 · 남방의 적도는 여전히 퇴거하지 않았다. 따라서 한 병으로 하여금 우금치산, 오실후산, 항봉, 월성산 등의 경계에 임하게 하고 기타를 공주로 철수시키니 때는 오후 8시였다.

서울로 가는 전봉준
안도현

눈 내리는 만경들 건너 가네
해진 짚신에 상투 하나 떠 가네
녹두꽃 자지러지게 피면 돌아올거나
울며 울지 않으며 가는
우리 봉준이
풀잎들이 북향하여 일제히 성긴 머리를 푸네

그 누가 알기나 하리
처음에는 우리 모두 이름 없는 들꽃이었더니
들꽃 중에서도 저 하늘 보기 두려워
그늘 깊은 땅 속으로 젖은 발 내리고 싶어 하던 잔뿌리였더니

그대 떠나기 전에 우리는 목 쉰 그대의 칼집도 찾아 주지 못하고
조선 호랑이처럼 모여 울어 주지도 못하였네,
그보다도 더운 국밥 한 그릇 말아 주지 못하였네,
못다 한 그 사랑 원망이라도 하듯
속절없이 눈발은 그치지 않고
한 자 세 치 눈 쌓이는 소리까지 들려오나니

그 누가 알기나 하랴
겨울이라 꽁꽁 숨어 우는 우리 나라 풀뿌리들이
입춘 경칩 지나 수군거리며 봄바람 찾아오면
수천 개의 푸른 기상나팔을 불어 제낄 것을
지금은 손발 묶인 저 얼음장 강줄기가
옥빛 대님을 홀연 풀어헤치고
서해로 출렁거리며 쳐들어 갈 것을

또한 2차 봉기 시점이 겨울이 아니고 무르익은 봄날이었거나 여름이었다면 사정이 달라졌을 것이다. 결과적으로 동학농민혁명은 실패로 돌아갔다.

그러나 누구라도 근현대사의 정점을 동학농민혁명으로 지칭하는 데 이의를 제기할 사람은 없을 것이다. 그렇다고 할 때 이 우금치는 그냥 우금치가 아니다.

우리가 우금치에서 돌아왔을 때 공산성 주차장에는 공주 청소년 자원봉사단 소속 학생과 선생님들 30여 명이 모여 있었다. 학생들이 우리와 함께 금강을 따라 걷겠다는데 그 정성이 갸륵하지만 한편으로는 걱정이 앞선다. 오늘 일정은 정말로 빠듯하기 때문이다.

영평사 주지스님이 인사차 나오시고 나는 주차장에 앉아 살랑살랑 불어오는 강바람을 맞고 있다. '천 리 길 대장정, 금강 사랑회 힘내세요'라는 플래카드 한 장에 마치 천군만마라도 얻은 듯 마음이 뿌듯해졌다. 우리의 여정은 금강교를 건너 청양 쪽으로 향한다.

이곳에서 청양으로 가는 36번 국도와 예산으로 가는 23번 국도가 갈라지고 강가로 내려가는 철조망에는 잠자리들이 앉아 있다. 강바람은 부드럽게 내 뺨을 스치며 지나가고 쌍신동 금강가에 선다.

동학농민군의 못다 푼 한이 어린 곰나루

강나루 쪽으로 연미산이 보이고 강 건너가 곰나루다. 1894년 그날에 동학농민군들의 한을 아는지 모르는지 강

물은 소리도 없이 흘러간다. 아이들은 이곳에서 자리 펴고 놀았으면 좋겠다고 하지만 우리의 여정은 강을 따라 흘러야 한다.

우리는 잔잔히 흐르는 금강가에서 물수제비를 뜬다. 얇고 가벼운 돌을 찾아서 가장 낮은 자세로 던질 때 물수제비가 여러 개 떠지는데 밀가루 수제비 역시 마찬가지이다. 얇고 매끄럽게 뜬 수제비가 맛도 좋다.

강 건너 곰나루에는 몇몇의 낚시꾼들이 낚싯대를 드리우고 있고 웅진사 근처의 소나무 숲은 짙푸르다. 그날 동학년의 함성이 시공을 초월하여 들려올 법도 한데 지금은 재잘대는 아이들의 목소리와 자갈들이 부딪치며 내는 발자국 소리뿐이다.

문득 아이들이 돌을 던지고 있는 앞을 바라보니 바위벽이 떡 버티고 서 있고, 길은 이곳에서 끊어진다. 아이들은 지금 뒤따라오고 있는데 돌아갈 수는 없고 어떻게 한다? 한 무리는 산을 넘고 한 무리는 바윗길을 돌아 장구맥이들목(평온리)에 닿았다. 동학기행이나 금강기행 때 우리는 강 건너 저편에서 이곳을 바라보기만 했지 오지는 않았었다.

뒤편의 산들이 어머니의 품처럼 따스하게 여겨지는 이 나루에 몇 년 전만 해도 배 한 척이 정박해 있었다. 동학기행을 올 때마다 느티나무 한 그루 드리운 그 풍경을 보며 그리움과 한을 느꼈었다.

이 곰나루 금강은 갑오년 겨울에 건널 수 없는 삼팔선이

우리 성상 계신 곳 가까이 가서
녹두알 같은 눈물 흘리며 한목숨 타 오르겠네
봉준이 이 사람아
그대 갈 때 누군가 찍은 사진 속에서
기억하라고 타는 눈빛으로 건네던 말
오늘 나는 알겠네

들꽃들아
그날이 오면 닭 울 때
흰 무명 띠 머리에 두르고 동진강 어귀에 모여
척왜척화斥倭斥和 척왜척화 물결소리에
귀를 기울이라

웅진사 | 암곰의 전설을 지니고 있는 곰나루에 돌로 만든 곰상을 모신 사당.

황토현에서 곰나루까지
정희성

이 겨울 갑오농민전쟁 전적지를 찾아
황토현에서 곰나루까지 더듬으며
나는 이 시대의 기묘한 대조법을 본다
우금치 동학혁명군 위령탑은
일본군 장교출신 박정희가 세웠고
황토현 녹두장군 기념관은 전두환이 세웠으니
광주항쟁 시민군 위령탑은 또
어떤 자가 세울 것인가
생각하며 지나는 마을마다
텃밭에 버려진 고추는 상기도 붉고
조병갑이 물세 받던 만석보는 흔적 없는데
고부 부안 흥덕 고창 농투사니들은 지금도
물세를 못 내겠다고 아우성치고
백마강가 신동엽시비 옆에는
반공순국지사 기념비도 세웠구나
아아 기막힌 대조법이여 모진 갈증이여
곰나루 바람 부는 모래펄에 서서
검불 모아 불을 싸지르고
싸늘한 성계육 한 점을 씹으며
박불똥이 건네주는 막걸리 한잔을 단숨에 켠다.

었고 휴전선이었다. 그렇게 가고자 했던 서울길, 공주를 함락하고 서울로 진격해서 후천개벽 참세상을 열겠다던 동학농민군의 간절한 바람은 그때 저 강물의 푸른 물살과 함께 정녕 흘러가버리고 말았는가.

갑오년 동짓날 곰나루를 건너지 못한 전봉준은 섣달에야 다리가 부러진 채 들것에 실려 저 강물을 건너갔다. 그리고 김개남은 전주 서교장에서 처형당하기 위해 눈을 부릅뜬 채 이 강을 건너 갔고, 뒤따라 손화중도 김덕명도 포승줄에 묶여서 이 강을 건너 갔다.

침몰선처럼 정박해 있던 나룻배도 한 폭의 동양화 속에 있는 것 같은 집 한 채도 사라져버렸다. 수많은 길손이 쉬어갔을 저 나무들과 둥그스름한 조선의 저 산봉우리 너머에 진정 그들이 갈구했던 그리운 나라가 있었을까.

시인 정희성은 동학농민혁명 100주년을 기념하는 답사길에서 「황토현에서 곰나루까지」라는 시 한 편을 남겼다.

이 연미산 자락 곰나루에는 곰나루, 고마나루라고 지칭되는 데에서도 알 수 있듯이 곰에 얽힌 설화가 남아 있다.

『신증동국여지승람』 공주목 사묘조에 "곰나루 남안에 웅진사가 있어 춘추로 향축을 내려 제를 올린다."라고 기록되어 있는데, 제를 받는 전설이 애처롭기 그지없다.

제사를 받았던 곰상은 1975년에 곰나루 부근에서 발견되어 공주박물관에 모셔져 있고 솔밭 우거진 웅진사에는 새로 만든 곰상이 모셔져 있다.

지금은 곰나루의 전설이나 동학농민혁명군의 쓰러진 패

배를 기억하기보다 미국에서 투수로 빼어난 활약을 하고 있는 박찬호와 세계적인 골프선수로 알려진 박세리가 태어났다는 것을 더 자랑스럽게 기억하고 있는 이 공주에서 1973년 우리 나라 고고학 발굴 사상 가장 획기적인 유물이 발견되었고 그해 바로 발굴이 이루어진다. 곰나루에서 공주로 넘어가는 나지막한 고개를 넘어 그 왼쪽에 자리 잡고 있는 무령왕릉이 그것이다.

1971년 송산리 무덤에 물이 새어드는 것을 막기 위해 공사를 벌이다가 무령왕과 그의 왕비가 합장된 무덤이 발견되었다. 그 무덤의 발견은 백제사 연구에 커다란 획을 그은 대사건이었다.

오랜 세월 속에서 봉분이 깎여 일본인과 도굴꾼의 손길이 미치지 않은 그 무덤 속에서 나온 유물이 자그마치 108종류에 2,906점에 이르렀다고 한다. 국보로 지정된 것만 열두 개가 넘는 그 부장품은 공주 국립박물관에 고스란히 진열되어 있다. 이 무덤에서 무령왕의 것임을 밝혀주는 지석과 매지권이 발견되었다. "영동 대장군 백제 사마왕(무령왕은 죽은 뒤에 붙인 이름이다)이 62세가 되는 계유년(523년)에 돌아가시니 을사년(525년) 8월에 장사 지내고 다음과 같은 문서를 작성한다. 돈일만문文과 은일건件을 주고 토왕, 토백, 토부모가 상의하며 서서남방의 땅을 사서 묘를 만들었다."라는 흥미로운 기록이 남아 있는 무령왕릉 발굴을 주도했던 김원룡 박사는 귀중한 유물을 서투른 발굴로 훼손시켰던 상황을 글로 남겼다.

곰나루에 얽힌 전설

곰나루 건너편 여미산의 동굴에 암곰 한 마리가 혼자서 살고 있었다.
어느 날 암곰은 곰나루에서 고기를 잡던 어부를 납치하여 같이 살게 되었다. 곰이 음식을 구하러 나갈 때에는 큰 돌로 굴 문을 닫고 나가며 여러 해를 사는 동안 새끼들을 낳았다.
이제는 어부가 도망가지 않으리라 마음을 놓은 암곰이 굴 문을 열어놓고 먹을 것을 구하러 간 사이 어부는 곰나루 건너로 도망을 치고 있었다.
암곰은 새끼들을 데리고 쫓아가서 소리쳐 울었지만 어부는 뒤도 돌아보지 않았고, 슬피 울던 곰은 새끼들을 데리고 강물에 빠져 죽고 말았다. 그 뒤부터 곰나루에서는 사람들이 자주 죽고 물고기도 잡히지 않자 사람들이 사당을 지은 뒤 곰의 상을 만들어놓고 수신제를 지내게 되었다고 한다.

공주에 내려가서 계속 파내려가니 벽돌로 막고 강회로 단단하게 바른 입구가 나온다. 무덤이 틀림없었으나 아무도 그것이 무령왕릉일 줄은 꿈에도 예기치 못했고 또 도굴되지 않은 처녀분이라고 생각도 하지 않았다. (중략) 문 앞의 강회가 콘크리트처럼 단단해 입구를 막은 벽돌의 맨 윗줄을 들어낸 것은 오후도 늦은 때였다. 그런데 그 구멍으로 들여다보니 터널형의 연도에는 항아리가 굴러 있고 돌 짐승 한 마리가 지석 두 장을 앞에 놓고 우리들을 노려보고 있지 않은가. (중략) 중간쯤에서 안으로 들어가 보니 지석 첫머리에 "寧東大將軍百濟斯麻王"이라고 되어 있다. 무령왕이다. (중략) 유적을 파나 무덤을 파나 우리들의 가장 큰 소망은 연대가 써 있고 명문이 써 있는 유물들을 발견하는 것이고, 나 자신도 꿈에서 그런 물건을 파내고 이게 웬일인가 기뻤던 경험이 한두 번이 아니었다. 그런데 이제 그것이 눈앞에 현실로 나타나지 않았는가. 일본의 어느 유명한 고고학자는 그런 행운은 백년에 한 번이나 올까말까 하다고 나를 축하해주었지만, 이 엄청난 행운이 그만 멀쩡하던 나의 머리를 돌게 하였다. 이 중요한 마당에서 나의 고고학도로서의 어처구니없는 실수가 일어난 것이다. 무령왕의 이름은 전파를 타고 전국에 퍼졌고, 무덤의 주위는 삽시간에 구경꾼과 경향 각지에서 헐레벌떡 달려온 신문기자들로 꽉 찼다. (중략)
카메라를 서너 개씩 둘러멘 기자들은 어서 사진부터 찍

게 해달라고 야단이다. 그래 입구에서 안쪽으로 한 신문사마다 2분씩만 찍기로 약속했는데, 그것은 약속뿐이고 카메라를 대자 발을 뗄 줄 몰랐고, 안으로 마구 들어가 숟가락을 밟아 부러뜨리기까지 했다. (중략) 사실은 몇 달이 걸렸어도 그 나무뿌리들을 가위로 하나하나 베어내고, 그러고 나서 장신구들을 들어냈어야 했다. 그런데 그 고고학 발굴의 ABC가 미처 생각이 안 난 것이다. 어두운 데서 메모를 하고 약도를 그리며 물건을 들어내는 작업이 꼬박 아침까지 계속되었다.

하여튼 유물을 들어내고 바닥은 청소되었다. 아무리 변명하여도 장신구 원상들이 소홀히 다루어진 것은 분명하였다. 큰 고분을 발굴하면 불길한 재난을 당한다는데 내가 바로 그것을 당한 것이다. 고고학도로서 큰 실수를 저지른 것이다. 아니 그보다 1년 뒤에는 나 자신이 파산해서 집을 내놓는 변이 일어났다. 그러나 무령왕릉 발굴의 쓰라린 경험은 그 뒤 경주 고분을 발굴하는 사람들에게 많은 교훈이 되었다. 그저 그것으로 스스로 위안할 뿐이다.

「죽은 사람들과의 대화-고분에서 배우는 일생」,
『노학생의 향수』

부실공사와 혼을 담은 시공

평목리지를 지나며 강변에는 폐선 한 척이 정박해 있고

장자못에 얽힌 전설

큰 부자가 이곳에 살았는데 무척 인색했다. 어느 날 한 스님이 찾아와서 적선을 부탁하자 그 부자는 쌀 대신 두엄을 퍼주었다. 그러자 스님은 간 데 없고 별안간 비바람 일고 뇌성벽력이 일어나며 천지가 뒤집히더니 그 부자의 집이 못으로 변하고 말았다. 그래서 그 집 터에 그 부자가 저장하였던 보물이 많이 묻혀 있다고 전해온다.

1946년에 인근 성머리 청년들이 그 보물을 찾기 위하여 발동기 10여 대를 놓고 물을 퍼올렸다고 한다. 밤낮없이 7일 동안 퍼내어 물이 줄어들자 사람들이 고기를 잡으려고 했는데 별안간 물이 크게 뒤집혔다. 결국 보물은커녕 고기도 한 마리 잡지 못했다.

장자못 | 옛날 장자의 보물이 묻혀 있다는 전설이 서린 장자못에서 사람들이 낚시를 하고 있다.

기둥만 새로 세운 다리와 언제쯤 만들어졌는지 모를 다리가 교차하고 있다.

나는 새로 만들어지고 있는 거대한 다리를 볼 때마다 지레 겁부터 나면서 우리 나라 부실 공사의 대명사들이 떠오른다. 어느 날 출근길에 느닷없이 성수대교가 두부 잘리듯이 끊어지며 차들이 강으로 떨어지고 수많은 사람들이 쇼핑을 하고 있던 삼풍백화점이 느닷없이 무너져내리지를 않았는가. 또 대구 지하철공사 현장이 폭삭 무너져내린 일도 있었다.

그 뒤 대형 공사장마다 '혼을 담은 시공'이란 플래카드가 내걸린 뒤에도 나라 곳곳에서는 그와 비슷한 사고들이 끊임없이 일어났다. '혼'을 2만 원이나 3만 원쯤 하는 그 값싼 플래카드에다 다 쏟아붓었으니 실제 공사현장에 쏟아부을 혼이 어디 남아 있겠는가.

왜 사람들은 법천사지 지광국사 현묘탑비나 지리산 연곡사의 동부도, 북부도와 쌍봉사 철감선사 부도, 부석사의 무량수전처럼 700~1000년의 세월을 견디고도 하나도 어긋나지 않는 완벽한 건축물들을 만들고자 하는 욕심이 없을까? 나는 나이를 제법 먹은 지금까지도 비가 조금만 많이 내리면 떠내려가버리는 나무 다리와 돌다리의 추억 속에 갇혀 사는 사람인가 하는 생각에 머리가 복잡해진다. 그러는 사이 발길은 어느새 유구천에 닿는다.

유구천은 공주시 유구면 탑곡리에서 발원하여 유구 중심부를 뚫고 신풍면을 거쳐 사곡면 호계리에서 사곡천과 합한다. 그러고는 우성면을 지나 옥성리에서 금강으로 합류하는 것이다. 강 하류에는 고맙게도 철근다리가 놓여 있다. 저 다리마저 없었다면 우리는 저만치를 돌아갔어야 했다. 그런데 이럴 수가, 강변에 펼쳐진 수천 평의 무밭이 지난번 대청댐의 방류로 하나도 남김없이 휩쓸려간 것이 아닌가.

농부들의 슬픈 농심을 거대한 자연이 어떻게 알겠으며 수자원공사의 펜대나 굴리는 사람들 또한 이 참상을 알기나 하겠는가. 하천부지에 농사를 짓고 있는 사람들은 이러한 경우에 어디 하소연할 데도 없으니 안타까울 뿐이다.

개전마을의 늪지인 장자못에서는 수많은 사람들이 낚시질을 하고 있다. 이곳에서는 참붕어가 잘 잡힌다고 한다. 2천여 평쯤 되는 이 장자못에는 옛날에 용이 올라갔다는 전설과 큰 부자의 이야기가 남아 있다.

쉬면서 장자못 뒤편을 바라보니 경비행기 한 대가 날아오른다. 그 아래에 공주 경비행기 비행장이 있었던 것이다. XAIP(공주)라고 표기된 경비행기 비행장에서 영평사 스님이 가지고 온 과일로 새참을 먹는다. 예로부터 물길이 아름답기로 소문난 비단강가에서 경비행기가 떠오르자 파일럿 출신으로 전 세계를 돌아다닌 김재승 회장은 작은 비행기를 바라보며 우리보다 더 신기해한다.

큰 작골을 거쳐 개전마을을 지나며 감을 하나 따먹는다. 유년시절 집 뒤안에 감나무 한 그루가 있었다. 나는 아침저녁으로 학교를 오가며 틈만 나면 감나무에 올라가 감을 따먹곤 했었다. 그 유년시절 추억으로 지금도 나는 보원사지 근처나 운문사 또는 고산 일대 같은, 감나무가 많은 곳에서는 홍시를 따먹고 가야 직성이 풀리곤 한다.

밤나무, 참나무가 온 마을을 둘러싸고 있어서 이름 지어진 나무골이 저만치 보이고 길은 이인면 검상리로 건너가는 나루가 있었던 검상골나루를 지난다. 얼마 안 가서 보흥천을 만난다. 거기서부터 산길이다. 일 년에 서너 차례나 사람이 다녔음직한 한가로운 길은 우거진 나무가 앞을 가리고 떨어진 상수리와 밤송이들이 널려 있다. 가을은 이렇게 깊어가고 있었다.

강을 따라 서 있는 버드나무에는 형형색색의 비닐 쓰레기가 열매처럼 매달려 강바람에 휘날리고, 벼이삭 익어가는 노란 논밭을 지나며 산길은 아스라하게 펼쳐진다. 한 시절 전만 해도 수많은 사람들이 걸어 넘었을 이 길은 불과 몇십 년 안에 죽은 길이 되고 말 것이다. 산길은 차츰 어두워지고 내 마음도 덩달아 어두워진다.

달리 길이 없긴 하지만 우리가 너무 무모한 길을 택한 건 아닐까? 문득 「예레미아서」 6장 16절이 생각난다.

"그러므로 야훼께서 말씀하시되, 좋은 길이 어디인지, 오래전 옛날에 너희가 늘 걷던 경건한 길이 어디인지 물어보고 그 길을 가라. 그러면 너희 영혼이 평안을 얻으리라."

쩍쩍 벌어진 으름 열매맛

고개를 넘어도 강물소리는 어김없이 들린다. 나는 고개

너머 희미한 길에서 쓸쓸히 침묵한 채 숨소리 가쁘게 뒤따라오는 사람들을 기다린다. 어두운 산길을 벗어나자 길이 열린다. 바라보니 저 건너편에 잘 익어 쩍쩍 벌어진 으름들이 주렁주렁 매달려 있다. 금강산도 식후경이라고 가서 따먹는다. 시장기도 돌고 목도 마를 때 따먹는 으름 맛은 일품이다. 내년 이맘때 이곳에 다시 와서 또 따먹고 가자는 김재승 회장의 말을 뒷전에 두고 길을 재촉한다. 산길을 돌아가자 집 한 채가 나타난다.

은행나무 한 그루가 떡 버티고 선 그 아래에는 봉숭아꽃들이 다소곳하게 피어 있고 우리는 지금 우성면 오동리를 지나고 있다. 오동나루는 이 아래 금강가에 오동나무가 있어서 지어진 이름이다.

어둠이 몰려올 시간이 얼마 남지 않았다. 여기에서 우리는 갈 길을 선택해야 한다. 신작로 길로 머름 장개울 마을을 돌아가든지, 아니면 어두운 산길을 걸어 죽림마을로 가든지, 일행들은 어두운 산길을 넘어가자고 한다. 산길 초입에는 며느리밥풀꽃이 한가롭게 피어 있고 길은 희미하다. 날은 점점 어두워지고 산길은 간간이 끊어지기도 하고 이어지기도 한다. 나는 나무숲 사이로 강 아래 산 그림자를 바라다본다. 밤나무 숲길을 돌아 대나무 숲을 헤쳐나가며 인가가 멀지 않음을 직감한다.

대나무 숲을 벗어나자 환하게 눈이 열리며 민가 한 채가 나타나고 유리창 너머로 희미하게 새어나오는 불빛을 만난다.

뒤따라오는 사람들은 아직 보이지 않고 채성석 씨와 나는 좁은 시멘트 도로에 주저앉아 콩밭 너머로 어둠이 내려앉은 강물을 내려다본다. 강이여, 강 너머 보이는 불빛들이여, 우리들도 그대들도 이만큼 흘러 흘러서 여기까지 왔구나.

애고, 애고 신음소리를 내며 뒤처졌던 일행들이 모습을 드러낸다. 우리는 지금 대나무 숲이 울창한 죽림리에 와 있다.

어둠 속에 새 나루를 지나며 바라본 강당마을에는 불빛이 새어나오고, 우리가 걷고 있는 신작로만 희뿌옇게 보일 뿐 전봇대도 산도 강도 덩달아 어두워진다.

그리운 불빛이여

우성면 어천리 버들여울마을로 들어가는 길 앞에서 잠시 쉬었다 가기로 한다. 가로등 불빛 아래 패잔병처럼 길 위에 누워 있는 우리는 어디로 가고 있는가.

강가에 있었다는 탄천면으로 건너는 늦점나루도 보이지 않고 우리가 도착해야 할 송계까지는 아직도 한참을 가야 한다. 다 왔다고 생각해도 아직은 멀다. 우리를 기다리고 있을 불빛도 아직 보이지 않는다. 이름도 씌어 있지 않은 버들여울 간이 버스정류장에서 나는 가만히 앉아 풀벌레 소리를 듣는다.

하늘 멀리 별이 하나 보이고 어딘가로 향해 가는 비행기 한 대가 보인다. 걸어도 걸어도 끝이 없다. 이곳에선 전화도 먹통이고 가도 가도 팍팍한 비포장길이다. 믿을 건 지도밖에 없다는 생각에 지도를 본다. 어디로 갈 것인가. 그냥 무작정 따라갈 것인가.

어둠 속에서 청양군에 접어들고 어천을 지난다.

청양군 목면 신흥리 지도를 보면 우리가 찾는 숙소가 여기쯤이다. 불 켜진 민가 한 채가 있기에 그 집에서 물어보고서야 모퉁이를 돌아가면 우리가 찾는 그리운 그 집이 있음을 안다. 멀리 전원카페의 불빛이 보인다.

오후 8시에 들어간 카페에는 예상 밖으로 라이브무대가 설치되어 있었고, 50~60대쯤 되어보이는 남녀들이 얼크러져 「한 많은 대동강아」를 부르고 있었다. 금강 기슭 포장도 되지 않는 이 한적한 곳에 이렇게 세련된 카페가 있고 백마강도 영산강도 아닌 대동강을 부르고 있는 것을 보면 통일의 날이 멀지 않은 듯싶다.

우리는 이곳 어딘가에서 묵어야 하지만 공주에서 여기까지 따라온 사람들은 집으로 돌아가야 한다. 헤어지기 전에 맥주 한 잔씩을 마시며 서로 덕담을 건넨다.

어제 오후부터 물심양면으로 도움을 주며 함께했던 공주팀을 보내고 윤중대, 유성숙 씨의 안방에서 오늘의 여정을 푼다.

새벽은 닭 우는 소리로 시작되지만 새벽은 아직 멀다. 나는 어제의 연장선상에서 유년시절로 되돌아가 꿈속에서 밤을 따고 가재도 잡았다.

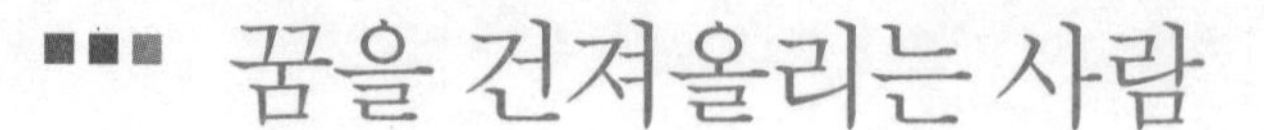

꿈을 건져올리는 사람

맨발로 치성천을 건너고 비 맞으며 잉화달천을 지난다

새벽에 일어나 문을 열자 안개가 자욱하다. 이곳은 지금 '안개공화국'이다. 50미터 앞도 보이지 않는 이 안개는 언제쯤 걷힐 것인가.

자욱한 안개로 강 건너편조차 제대로 보이지 않지만, 그래도 우리는 발걸음을 재촉한다. 이 강가에 이곳 신흥리 반여울 마을에서 공주시 탄천면으로 넘어가는 반여울나루가 있었다. 그러나 어느 곳 하나 제대로 된 나루가 남아 있는가. 번지못을 지난다. 팍팍한 신작로 아래의 하천 부지가 1만여 평은 될 듯한데 무엇을 심었던 흔적은 있지만 그 역시 아무것도 남아 있지 않다. 수양버들 우거진 숲에는 냉장고에서부터 온갖 쓰레기들이 산더미처럼 쌓여 있다.

음지못 마을에는 새 몇 마리가 앉아 있고 제방에는 다 털어버린 참깨다발이 쓰러진 병사들처럼 널려 있다. 가마골 앞 치성천에서 하나의 난관을 만난다. 공사현장의 인부에게 물어보니 이곳에서 한 2킬로미터쯤 올라가면 다리가 나타날 것이라고 말한다. 2킬로미터를 올라갔다 다시 내려온다. 오고 가고 4킬로미터, 한 시간쯤 걸릴 것이다. 난처한 우리의 속사정은 아랑곳없이 물은 제법 헌걸차게 흐른다.

그런데 자세히 보니 물막이 댐이 있는 게 아닌가. 선택의 여지가 없다. 내가 먼저 건너갈 준비를 하며 김재승 회장과 채성식 씨에게 "이끼가 끼어 미끄러울지 모르니 조심하세요."라는 말을 남기고 신발과 양말을 벗은 후 조심 조심 걷는다. 물이 차다. 그러고 보니 벌써 9월이 저물어가는구나. 물고기들이 이동하는 통로를 지나서 금세 건너편에 닿는다.

치성천은 청양군 정산면 송학리 북쪽 영덕봉에서 발원하여 남쪽으로 흘러 역촌리에 이른다. 대박리에서 흘러오는 대박천을 받아들인 후 정산 구읍을 지나 동남쪽으로 흘러서 목연 화양리 치성산(300미터), 일명 꾀꼬리봉을 끼고 돌아 금강에 합류한다.

물에 닿는 감촉도 좋고 돌아가지 않아 시간을 절약해서 좋으니 일석이조가 아닌가? 이번 도하작전은 100퍼센트 성공이다. 이곳은 청양군 목면인 화양리 사기소 못 미친 곳이고 건너편은 공주시 탄천면 대학리 굴덕이마을이다.

사기소 근처에서 강은 소리도 없이 잔잔히 흐른다. 우리들의 걸음에 탄력이 붙어서인지 벌써 천내리 닥밭골에 이른다. 예로부터 닥나무가 많아 닥밭골인 이 마을의 집집마다 함석 지붕에 파란 페인트칠이 되어 있는 것을 바라보며 기와를 구웠다는 왜마루마을을 지난다. 노루목(외동)마을 뒷산인 석봉산은 아이 셋을 업고 있는 듯한 바위가 있어서 아기업은산이라 불리고 이곳 동강리에는 조선 선조 때 찰방을 지냈던 우윤항이라는 사람이 지은 백인정과 달해정이라는 정자가 있었다지만 그 역시 사라지고 없다. 그리고 노루목 앞에 있는 장강나루에는 조선시대에 나라의 세곡을 보관하는 창고가 있었다고 한다.

넓게 펼쳐진 들판은 누렇지만 제방 아래의 논들은 지난번 홍수로 푸르뎅뎅하다. 우리는 비를 맞으며 잉화달천을 지난다. 화달천 또는 유례천이라고 불리는 잉화달천은 정산면 북쪽 마티에서 발원하여 남쪽으로 흐른다. 그리고 정산면의 서쪽 지역을 돌고 학암리를 지나서 청남면의 북동쪽을 거쳐 강정리에서 금강과 합류한다. 잉화달천이란 이름이 지어진 것은 조선시대에 이 냇물이 잉화달천면의 지역을 흘렀기 때문이다.

왕진나루 | 청양군 청남면 왕진리에서 부여군 부여읍 저석리로 건너가는 왕진나루에 고기잡이배만 남아 있다.

왕진나루에는 두 척의 조각배만

가늘던 빗줄기가 잉화달천을 지나며 점점 굵어진다. 우리는 온빛들을 건너 왕진나루에 도착한다. 나루 아래 은행나무에는 누런 빛을 띤 은행이 주렁주렁 열렸고 나루에는 녹슨 배 두 척이 정박해 있다.

"나루터는 벌써 옛날에 끝났어요." 담배를 피우고 앉아 있던 농부의 말처럼 지동리 내유촌으로 건너던 나룻배도, 뱃사공도 사라진 이 나루터에 왕진나루터라는 이름의 매운탕집만 남아 있는데 그나마 문이 잠긴 채 아무도 없다.

이곳 왕진마을 뒷산인 당산에는 해마다 정월대보름날에 제사를 지내는 산제당이 있다. 왕진리 뒤쪽에는 큰 벼랑 아래로 그 강이 굽이쳐 흘러 소를 이룬 뒷굽이가 있고, 정자가 있었다는 독정이 나루터가 남아 있다. 왕진마을을 벗어나며 멀리 백마강교가 보이고 부채평들은 아스라히 멀다.

이몽학의 집터 | 충남 청양군 청남면 아산리 원촌 방죽 위에 있는 이몽학 집터.

이곳 인량리 부채평들에는 되처럼 생긴 작은 섬이 있었다고 하고 인량 서쪽의 부처짓골에는 돌부처가 있었다고 하지만 지금은 사라지고 없다. 이 들판 저쪽 아산리 원촌 방죽 위에 조선 선조 29년에 모반을 일으켰던 이몽학의 집터가 있고 으미(아산) 남쪽에 있는 들판에는 이몽학이 반란을 일으켜 홍산, 정산, 청양을 함락시킬 때 이곳에다 진을 치고 훈련을 했던 이몽학 둔터가 있다.

지천과 금강이 만나다

우리는 쭉 뻗은 제방을 걷고 있다. 제방도로는 아카시아가 우거져 있고 그 아카시아 숲 속에 버려진 표고나무가 있다. 그 나무에서 채성석 씨는 표고를 발견하고 모자에 가득 표고를 딴다. 그렇게 멀리 보이던 백마강교가 저만치 보이고 그 산자락 아래 지천이 흐르고 있을 것이다. 지천은 청양천, 까치내, 가리내, 작천 등 여러 이름으로 불리고 있다.

청양군 대티면 상갑리 칠갑산에서 발원한 지천은 대티면의 북부를 거쳐 청양의 중석부를 뚫고 신양면을 지나서 다시 대티면의 남부를 가로질러 가지내 또는 까치내를 이룬다. 남쪽으로 흐르는 지천은 적곡면과 부여군 은산면의 경계를 지나 금강에 합류한다.

이몽학의 난

이몽학의 난은 임진왜란이 한창이던 1596년(선조 29년)에 이몽학이 주동이 되어 충청도에서 일어났다. 그 당시 민중들은 임진왜란 발발 이후 계속되는 흉년으로 비참하기 이를 데 없는 생활을 하고 있었다. 또한 당시 조정에서는 명·일 사이에 강화를 둘러싸고 찬반양론의 논쟁이 치열하였으며, 일본의 재침을 방비하기 위하여 각처의 산성을 수축하는 등 민중의 부담을 더하고 있었다.

이에 이몽학은 불평불만에 가득 찬 민중을 선동, 반란을 획책하였다. 이몽학은 본래 왕실의 서얼 출신으로, 아버지에게 쫓겨나 충청도, 전라도 등지를 전전하다가 임진왜란이 일어나자 모속관 한현의 휘하에서 활동하였다. 그는 반란을 일으키기 얼마 전부터 동갑회라는 비밀결사를 조직하여 친목회를 가장한 반란군 규합에 열중하였다.

한편 홍주목사 홍가신은 주관속 이희·신수를 반군 진영에 보내어 거짓 투항하게 하여 시간을 버는 한편, 그 고을에 사는 무장과 인근 수령에게 구원을 청하였다. 그러고는 반란군 중에 도망자가 속출하는 때를 이용하여 반란군 진영에 무사를 보내어 혼란시키면서, 이몽학의 목을 베는 자는 반란에 가담하였다 하더라도 큰상을 내리겠다고 하였다. 반란군 중 이몽학의 목을 베려는 자가 속출하였고, 결국 이몽학은 반란군 김경창 등에 의하여 참수되었다.

이몽학 사건이 집압된 후 홍산현은 강등되어 부여에 속했으며, 도천사는 반역의 소굴로 지목되어 불태워졌다.

건널 수 없는 강, 백마강교까지 걷는 길

지천에 도착하자 우리는 난감한 상황에 놓였다. 하류에 어떤 식으로든 다리가 놓여 있기를 바랐던 우리의 기원이 무위로 끝난 것이다. 점심 때는 다가왔는데 규암면 금암리 장주마을까지는 3킬로미터쯤 될 성싶다. 가는 데 3킬로미터, 오는 데 3킬로미터. 걱정이 태산 같은데 다리마저 더욱 아프다.

그러나 사람이 꼭 죽으라는 법은 없다던가. 멀리 바라보니 지천에서 고기를 잡은 사람 둘이 세워둔 오토바이를 타기 위해 그물을 들고 오는 것이 아닌가. 떡줄 사람은 생각도 않는데 김칫국부터 마신다지만 빠졌던 힘이 샘솟는다. 그런데 재수가 없다보면 뒤로 자빠져도 코가 깨진다고 50대인 두 사람 다 청각장애자가 아닌가. 우리가 아무리 손짓 발짓으로 다리가 아파서 못 가겠으니 저기 백마강교까지만 데려다달라 후사하겠다고 이야기해도 알아듣지 못한다. 이럴 줄 알았더라면 수화를 배워두었을 텐데 하는 후회가 인다. 김재승 회장이 다리가 아프다는 표시로 다리를 손으로 두드려도 보지만 두 사람은 한사코 안 된다는 표시다.

나는 아무래도 안 되겠다 싶어 아픈 다리를 앞세우고

제방을 걸어가고 채성석 씨도 내 뒤를 따라오는데 미련이 남은 김회장은 그들을 설득하기 위해 안간힘을 다 쓴다.

아마도 그 사람들은 불법으로 고기를 잡았기 때문에 가다가 누구를 만나는 걸 두려워했는지도 모른다. 그들은 저 멀리 오토바이를 타고 사라져가고 김재승 회장은 맥이 빠진 채 축 늘어져 걸어온다. '돌아가는 것, 이 또한 즐겁지 아니한가?' 하고 걸어갈 뿐이다.

작은 다리를 지나 장주마을에 도착한다. 슬슬 배가 고프고 비는 다시 굵어진다. 강 답사는 이런 때가 가장 낭패다. 지류와 본류가 만나는 지점에 다리가 없으면 2킬로미터건 3킬로미터건 한없이 돌아갈 수밖에 없다.

장주마을에서 마을 사람에게 백마강교까지 걸어가면 얼마나 시간이 걸리고 혹시 가는 버스가 언제 있느냐고 물어보자, "백마강교까지 먼데요. 가만있자, 열두 시 버스가 있는데 지나갔네요. 다음 버스는 세 시에 있어요."라고 대답한다.

기다릴 수도 없고 걸어갈 수도 없어 찻길 옆 은행나무에 우산을 받쳐들고 기대앉아 오지 않는 차를 기다린다. 어느 차든 먼저 오는 차를 세워 태워달라고 사정이라도 해야겠다.

다행히 지나가는 트럭이 우리를 태워주었고 백마강교를 건너 부여 관광 호텔에 도착한 때는 2시쯤이었다.

나이들수록 사람은 밥심으로 산다던가. 오이소박이며 된장국에 점심밥을 든든히 먹고 또다시 백마강 다리로 가기 위해 지나가는 승용차들을 세우려 했지만 우리 몰골을 보고 그랬는지 아무도 태워주지 않았다. 결국 우리는 낡은 트럭에 겨우 몸을 실었다.

새벽의 땅, 부여

오후 여정은 백마강교에서부터 시작된다. 어느새 비가 멎고 가을 햇살이 눈부시다. 백제 때 왕흥사라는 절이 있었던 까닭에 왕안이라는 이름이 붙은 왕안마을 뒷산엔 왕흥사 터가 있다. 백제 29대 법왕 2년 정월에 짓기 시작한 왕흥사는 무왕 35년에야 완성되었고 30여 명의 스님이 머물렀다.

왕흥사 터에서 바라보면 부소산이 바로 눈앞이다.

위례성에 도읍을 정했던 백제가 공주로 도읍을 옮긴 것은 475년이었다. 고구려는 백제의 서울인 위례성을 침범하여 개로왕을 붙잡아 목을 베어 죽였다. 백제는 금강 너머 계룡산을 근처에 둔 웅진에 도읍을 정하였으나, 웅진으로 도읍을 옮긴 뒤 얼마 지나지 않아 문주왕이 권신 해구에게 죽임을 당하고 삼근왕은 3년 만에 죽고 말았다.

동성왕 때 백제의 전성기를 맞았다가 60여 년이 지난 성왕 16년 538년에 마지막으로 도읍지를 옮긴 것이 사비성, 곧 부여다. 이 부여가 122년에 걸쳐 백제의 흥망성쇠를 지켜보았는데 신라와 당나라의 연합군에게 망한 것이 31대 의자왕, 660년 7월이었다.

백제의 부여, "날이 부옇게 밝았다."는 말에서 나온 부여는 아침의 땅이었다. 그러나 그 조용했던 아침의 평온은 나당연합군의 침략으로 산산이 깨어졌다. "집들이 부서지고 시체가 풀 우거진 듯하였다."라던 부여의 낙화암이 『삼국유사』에는 사람이 떨어져 죽은 바위라는 뜻으로 타사암墮死巖으로 실려 있고, 『동국여지승람』에는 다음과 같이 실려 있다.

"낙화암洛花巖: 현 북쪽 1리에 있다. 조룡대 서쪽에 큰 바위가 있는데, 전설에 의하면 의자왕이 당나라 군사에게 패하게 되자 궁녀宮女들이 쏟아져나와 이 바위 위에 올라가서 스스로 몸을 던졌으므로 낙화암이라 이름했다."

이때까지만 해도 궁녀들이 떨어져 죽은 바위일 뿐이지 삼천궁녀가 꽃잎처럼 백마강에 떨어져 죽었다는 전설은 생겨나지 않았는데, 이는 후일에 만들어진 이야기이다.

고란사 아래를 두고 대왕포라고 부르는데 『삼국유사』에는 그곳에 대한 연원이 실려 있다.

"무왕 37년(636년) 3월에 왕은 좌우의 신하들을 거느리고 사비하(백마강) 북포에서 연회를 베풀고 놀았다. 이 포구의 양쪽 언덕에 기암과 괴석을 세우고 그 사이에 꽃과 이상한 풀을 심었는데, 마치 한 폭의 그림과 같았다. 왕은 술을 마시고 흥이 극도에 이르러 북을 치고 거문고를 뜯으며 스스로 노래를 부르고 신하들은 번갈아 춤을 추니, 이때 사람들은 그곳을 대왕포라고 말하였다."

조선 숙종 때 석벽 홍춘경은 백제가 기울어가던 시절을 이렇게 회고했다.

부소산 아래 금강 | 삼천궁녀가 떨어지는 꽃잎처럼 몸을 날렸다는 낙화암 아래의 금강.

정림사지 5층석탑 | 국보 9호로 지정된 이 탑은 백제시대의 부여를 대표하는 문화유산이라고 해도 손색이 없을 정도로 아름다운 백제 석탑의 완성품이다.

나라가 망하니 산하도 옛 모습을
잃었고나
홀로 강에 멈추듯 비치는 저 달은 몇 번이나 차고 또 이
즈러졌을꼬
낙화암 언덕엔 꽃이 피어 있거니
비바람도 그 해에 불어 다하지
못했구나.

정림사지 석불좌상 | 보물 108호인 석불좌상.

백제 123년의 도읍지로서 흥망성쇠를 지켜보았던 새벽의 땅 부여에는 백제의 유물들이 별로 없다. "부여는 상상력을 가지고 가지 않으면 보고 올 것이 없다."는 누군가의 말처럼 부여 시내는 물론이거니와 부소산 일대에도 그날의 자취를 고스란히 전해주는 문화유산은 별로 없다.

그러나 부여 시내의 중심에 자리 잡고 있는 정림사지 5층석탑은 백제시대의 부여를 대표하는 문화유산이라고 해도 손색이 없다.

국보 9호로 지정된 정림사지 5층석탑은 백제 석탑의 완성품이라고 할 수 있다. 베흘림기둥이나 얇고 넓은 지붕들의 형태 등 목조건물의 형식을 따르면서도 세련되고 창의적인 조형미를 보여주는 탑이다. 이 탑은 백제를 멸망시킨 후 당나라의 소정방이 세웠다고 잘못 알려져왔다. 탑 1층 탑신부에 '대당평백제국비명大唐平百濟國碑銘'이라는 글자가 있기 때문인데, 그 글자는 백제를 멸망시킨 소정방이 그것을 기념하기 위해 이미 세워져 있던 탑에 새긴 것으로 추

측된다.

5층석탑 뒤편에 있는 석불좌상은 얼굴이나 몸체가 세월에 부대껴 제대로 드러나지 않지만 고려 현종대인 1028년이 절을 대대적으로 중수할 때 세운 것으로 추정된다. 전체 높이는 5.62미터이고 보물 제108호로 지금은 새로 지은 전각 안에 모셔져 있다.

정림사지 터에서 멀지 않은 궁남지는 현존하는 우리 나라 연못 가운데 최초의 인공조원으로 알려져 있다. 『삼국사기』 무왕 35년조에 "3월에 궁 남쪽에 못을 파고 20여 리나 먼 곳에서 물을 끌어들이고 못 언덕에는 수양버들을 심고, 못 가운데는 섬을 만들었는데, 방장선산方丈仙山을 모방하였다."고 실려 있는데, 연못 동쪽에서 주춧돌 등이 발견된 것으로 보아 이궁이 있었던 것으로 추정하고 있다.

아름다운 슬픔을 간직한 부여 8경

부여에서 내세우는 부여 8경은 슬프기 그지없다. 양양의 낙산사, 삼척의 죽서루, 울진의 망양정, 강릉의 경포대 같은 관동 8경이나 도담삼봉, 사인암 같은 단양 8경에서 내세우는 아름다운 경치와는 이름부터 다르다.

부여의 1경은 미륵보살상과 탑 하나 덜렁 남은 정림사지에서 바라보는 백제탑의 저녁노을, 2경은 수북정에서 바라보는 백마강가의 아지랑이, 3경은 저녁 고란사에서 들리는 은은한 풍경소리, 4경은 노을 진 부소산에 간간이 뿌리는 가랑비, 5경은 낙화암에서 애처롭게 우는 소쩍새,

금강 속으로 여승들은 사라지고

초여름 백마강가 고란사에 세 젊은 여승이 찾아왔다. 회색 승려복을 단정히 입은 그들은 이틀을 묵으며 고란사를 찾는 사람들, 그 근처 상인들과 어울렸다. 보트도 타고 조약돌을 주워 바랑주머니에 넣으며 이틀을 지낸 후 그들은 조약돌이 가득 담긴 그 무거운 바랑주머니를 어깨에 걸고 허리에 꼬옥 졸라맨 후 일렬로 늘어서서 강의 중심을 향해 걸어 들어갔다. 건너 마을 사공이 날씨를 살피러 문 밖에 나왔다가 어스름 아침에 강 속으로 걸어 들어가는 세 그림자를 보았다. 그는 놀라서 마을 청년들에게 소리 질렀다.
그러자 그와 때를 같이 하여 주먹만한 소나기 빗발이 온 천지를 덮으면서 난데없는 뇌성벽력이 하늘과 땅을 뒤덮어 놓았다. 소나기와 천둥이 가라앉은 후 마을 사람들과 절간의 승려들이 모든 배를 동원하여 그들을 찾았는데 가장 어린 여승의 시체가 물 위에 떠올랐다고 한다. 스물둘, 스물넷이라던 두 여승은 끝내 사라지고 말았다. 아무 유서도 없이 유언도 없이 그들은 떠오르지 않기 위해, 발견되지 않기 위해 무거운 자갈 바랑을 몸에 묶고 물 속으로 죽음의 길로 걸어간 것이다.
–신동엽, 『금강잡기』

백마강에 얽힌 슬픈 이야기
소정방이 백제성을 공격할 때 비바람이 몰아치고 구름과 안개가 자욱하여 건널 수가 없었다. 소정방이 이 근방에 살고 있는 사람에게 물으니 "백제의 의자왕은 밤에는 용으로 변하고 낮에는 사람으로 변하는데 왕이 전쟁 중이라서 변하지 않고 있어서 그렇다."라고 하는 것이었다. 그 말을 듣고 난 소정방이 그가 타고 다니던 백마의 머리를 미끼로 하여 그 용을 낚아올리자 금세 날이 개었고 드디어 당나라 군사가 강을 건너 공격하여 성을 함락시켰다. 그때 용을 낚았던 바위를 조룡대라고 하고 사비라 부르던 강을 백마강이라 부르게 되었다.

6경은 백마강에 고요히 잠긴 달, 7경은 구룡평야에 내려앉은 기러기 떼, 8경은 규암나루에 들어오는 외로운 돛단배이다.

부여 8경은 부소산과 낙화암 그리고 그 아래를 흐르는 백마강을 중심으로 이루어진 경치다. 신동엽 시인이 썼던 『금강잡기』를 읽으면 백마강과 부여 땅에 스민 슬픔이 얼마나 아름다운가를 깨닫게 된다.

그 여승들은 이승 저편 피안의 세계에서 무엇을 보았을까. 그들의 죽음에 하늘은 어찌하여 소나기와 뇌성벽력으로 조화했을까. 신동엽 시인은 그날 오후 백마강 가에 나가 죽어서 누워 있는 그 젊은 여승을 보았단다. 너무도 앳된 얼굴, 이 세상 그 무엇도 상관이 없다는 듯 평화스런 얼굴을 바라보고 강기슭을 한없이 거닐었다고 한다.

아름다운 경관과 나라 잃은 슬픔이 어우러져 이곳을 찾는 나그네들의 심사를 어지럽히는 백마강, 그 건너에 솟아오른 산이 부소산扶蘇山이다.

부소산에는 임금과 신하들이 서산에 지는 달을 바라보며 풍류를 즐겼다는 송월대가 있고 동쪽 산정에는 임금이 매일 올라가서 동편 멀리 계룡산 연천봉에 솟아오르는 아침 해를 맞으며 국태민안을 빌었다는 영일루가 있다. 그러나 현재의 영일루는 조선시대 홍산현 관아에 있던 관아문을 옮겨온 것이고 군창터가 남아 지금도 불에 탄 곡식들을 찾아볼 수 있다.

고란사 뒤편의 약수는 백제왕들의 어용수로 유명하다.

임금이 고란사의 약수를 마실 적에 나뭇잎 하나를 띄워 마셨다는 데 조선 세종 때에 편찬된 『향방약성대전』에 그 이파리가 고란초라고 기록되어 있다. 신라의 고승 원효가 백마강 하류에서 강물을 마셔보고 그 물맛으로 상류에 고란초가 있음을 알았다는 신비의 여러해살이 풀이다. 고란초는 한방에서 화류병의 즉효약으로 쓰였다고 하는데 고사리과에 속한다.

수심은 얕아졌지만 옛날이나 다름없이 흐르고 있는 백마강에는 백제성이 당나라 소정방에게 함락된 슬픈 역사가 서려 있다.

우리는 흘러가는 백마강을 무심히 바라보았다. 패망의 역사, 다시 올 리 없는 역사지만 험난했던 그 세월, 그 역사 속으로 천천히 거슬러 올라갔다.

역사는 항상 이긴 자의 편에서 기록되어왔다. 낙화암에서 떨어진 삼천궁녀의 이야기나 방탕한 임금 의자왕의 이야기가 몇백 년의 세월이 흐른 뒤 서경천도를 주장하고 묘청을 몰아낸 김부식에 의해 『삼국사기』로 씌어졌다.

지금 우리의 시선으로 바라볼 때 그 무렵 백제 국력으로 3천 명은 커녕 300명의 궁녀도 당치 않았을 것이다. 그것마저도 옛 백제 땅에서 살고 있는 우리의 안쓰러운 항변이라고 말할 수 있을 것인가? 또한 당시 13만 호에 이르렀다는 부여에 지금은 3만도 안 되는 인구가 살고 있다는 것을 어떻게 설명할 수 있단 말인가?

역사는 떠도는 말보다 기록에 의존한다. 하지만 그 기록

백마강 | 부여 일대의 백마강. 공주 아래 부여 부근의 금강을 백마강이라고 부른다.

낙화암
이광수

사자수 내린 물에 석양이 빗길제
버들꽃 날리는데 낙화암이란다
모르는 아이들은 피리만 불건만
맘 있는 나그네의 창자를 끊노라
낙화암 낙화암 왜 말이 없느냐

부산에서 바라본 부소산

들이 모두 정답은 아닐 것이다. 잘못 씌어진 역사, 그래서 잘못 알려진 역사는 바로잡아야 한다.

백마강 백사장에 발자국을 남기고

부소산 앞 금강에서도 어김없이 골재 채취를 하고 있다. 적어도 부소산 앞의 모래만큼은 관광자원으로 놔두는 것이 좋을 텐데 눈앞의 이익에만 급급한 사람들에게 역사며 문화가 무슨 의미가 있겠는가. 그러다 보니 백마강가의 명물로 이름을 날렸던 까막조개(재첩)도 사라져버리고 말았다.

고란사에서 구드래나루까지 이어지는 뱃길을 오고가는 유람선들은 시간을 기다리고 우리는 백사장에 앉아 멀리 규암나루와 부소산을 쳐다본다. 부소산에는 수많은 사람들이 모이고 모여 소란스럽기 이를 데 없다. 저 부소산은 백제 123년의 영광과 상처를 알고 있으면서도 침묵만 지키고 있을 뿐이다.

우리는 백사장에 남긴 새들의 발자국 위에 우리의 발자국을 얹어두고 다시 강을 따라 걷는다. 구드래나루에는 유람선 몇 척만 매어 있고 여정은 호암리를 지나 일직선으로 뻗은 제방길을 걸어 규암면 진변리 부산 자락에 도착한다.

길이 있을 법하다. 그러나 길은 진변 양수장에서 막힌다. 농사 지을 때만 필요한 이곳 양수장은 사람 나간 집처럼 썰렁하지만 길은 있으리라.

내 짐이 무거운 만큼 내 발길도 무겁고 그래서인지 길은 가까스로 이어진다. 부산의 산길은 산길답게 바위가 알맞게 깔려 있고 중턱쯤 오르자 대재각이 있다.

대재각은 1700년 병자호란으로 청나라에 잡혀갔던 이경여가 낙향하여 거처하였던 곳에 그의 손자인 이이명이 세운 정자이다. 이경여는 병자호란 때 당한 치욕을 보복하고자 효종에게 북벌계획과 관계되는 상소를 올렸다. 그러자 효종이 비단을 내리며 '지통재심일모도원至痛在心日暮途遠'(지극한 아픔은 마음에 있고, 날은 저무는데 갈 길은 머네)이라는 여덟 글자를 내렸고, 그의 손자 이이명이 우암 송시열의 글씨를 받아 백마강 서쪽 기슭의 부산 동쪽에 자리한 자연암반에 새겨넣었다. 그리고 옛터에 각을 세우고 상서와 대재왕이라는 뜻을 따서 대재각이라고 하였다. 그후 이

이경여
1623년 인조반정으로 부교리에 오르고 1636년 병자호란이 일어나자 왕을 남한산성에 호종하였다. 이듬해 경상도 관찰사가 되고 이어 이조참판으로 대사성을 겸임하였다. 선비 양성의 방책을 상주하는가 하면, 1642년 배청파로 청나라 연호를 쓰지 않았다는 밀고를 받아 선양瀋陽에 끌려가 억류되었다가 이듬해 우의정이 되었다. 1646년 민회빈(소명세자 빈) 강씨의 사사를 반대하다 진도로 유배되었고 효종 즉위로 1650년 중추부영사에 이어 영의정에 올랐다.

백제대교를 건너며 | 수북정과 신동엽 시인의 시비가 있는 그 가운데 금강에 가로놓인 백제대교에서 찍은 부여.

암반을 대재각 안에 옮겨 보존하고 있다.

이곳에서 바라보는 금강은 한 폭의 산수화나 다름없다. 이 부산은 높이는 107미터에 지나지 않지만 백마강에 외따로 솟아 있어서 마치 물 위에 떠 있는 것처럼 보인다. 이 산에는 대재각과 부산서원 터 그리고 청룡사라는 절이 있었고 백제 때 신령한 사람이 살아서, 일산과 오산이 있는 신령한 사람과 조석으로 날아다니며 놀았다는 전설이 남아 있다. 또한 홍수가 질 때면 강물에 떠 있는 큰 섬처럼 보인다 하며 '뜬섬'이라고 부르기도 한다.

철계단을 올라서자 백마강을 바라보고 있는 한 기의 무덤이 나온다. 백제 멸망의 한을 품은 어떤 사람이 부소산과 백마강을 바라보는 이곳에다 묘를 쓰기로 한 것은 아닐까? 산을 내려와 백강마을에 이르자 백제대교가 눈앞에 나타난다.

4번 국도를 지나 수북정에 오른다. 수북정은 부여 8경의 하나로 백마강 서편 자온대 바위 위에 세워져 있다. 자온대는 부여군 규암면 규암리에 있는데, 백마강에 칼로 깎아 세운 듯이 서 있으며 높이가 24킬로미터쯤 되고 4, 5명이 앉아서 쉴 만하다.

백제의 마지막 임금이었던 의자왕이 왕흥사에 불공을 드리러 갈 때 늘 먼저 이 바위에 올라 절을 했다고 한다. 왕이 절을 하면 이 돌이 저절로 따뜻해졌기 때문에 자온대라고 하였다고도 하고 또 다른 말로는 아첨하는 사람들이 왕이 오르기 전에 미리 바위를 데워놓아서 그렇게 부른다고도 한다.

수북정 | 부여 8경 중의 한 곳인 수북정 밑에는 의자왕이 오면 따뜻하게 데워졌다는 자온대가 있다.

광해군 때 양주목사 김흥국이 인조반정을 피하여 이곳에 와서 정자를 짓고 여생을 보냈다고 한다. 수북정이란 이름은 그의 호 수북에서 따온 것이다. 경치가 뛰어나게 아름다웠기 때문에 상촌 신흠이 수북정의 8경치를 시로 지어 극찬하였다. 이 자온대 바위 밑에 엿바위라는 바위가 있는데 앞은 벼랑이 되고 뒤에는 산이 있기 때문에 바위가 마치 엿보는 것처럼 머리만 조금 내밀었다고 해서 엿바위라고 지었다고 한다.

수북정에서 바라보는 규암나루에는 배들만 매어 있고 강은 빠르게 아래로 아래로 흘러가고 있었다. 백제대교를 지나 나무숲이 울창한 나성으로 들어간다. 반공순국지사비 앞에는 노년의 두 부부가 앉아 이야기를 나누고 있고, 신동엽 시비 앞에선 한 아주머니가 나물을 캐고 있다.

신동엽의 시비와 반공순국지사비가 나란히

신동엽은 1967년 팬클럽 작가 기금 5만 원을 받아 동학농민혁명을 전면에 내세운 『금강』을 발표한다. 『금강』은 오랜 세월 잠들어 있던 100년 전의 장엄했던 혁명을 문학

껍데기는 가라
신동엽

껍데기는 가라
4월도 알맹이만 남고
껍데기는 가라

껍데기는 가라
동학년 곰나루의, 그 아우성만 살고
껍데기는 가라

그리하여, 다시
껍데기는 가라
이곳에선, 두 가슴과 그곳까지 내 논
아사달 아사녀가
중립의 초례청 앞에 서서 부끄럼 빛내
며 맞절할지니

껍데기는 가라
한라에서 백두까지
향기로운 흙 가슴만 남고
그, 모오든 쇠붙이는 가라

신동엽 시비 | 부여 나성에 세워진 부여 출신인 신동엽 시인의 시비에는 「산에 언덕에」가 새겨져 있다.

과 역사의 중심으로 이끌어내는 커다란 역할을 했다. 김수영과 함께 민족문학의 양축을 형성했던 그는 서른아홉의 나이에 타계하였는데 그가 죽은 지 7년 뒤에 발간된 그의 전집은 3공화국 시절 긴급조치 9호로 판매 금지되는 운명에 처하기도 했다. 그래서 1970년대의 많은 문학도들은 김지하 시인의 『오적』을 비롯한 모든 시편들과 신동엽 시인의 『금강』을 숨겨놓고 몰래 읽었던 추억을 가지고 있는 것이다.

나는 그의 시 『금강』을 읽고서야 이 땅에 일어났던 갑오년의 비극에 몸서리쳤고, 이 땅에서 나는 무엇이어야 하는가, 어떻게 살아야 하는가를 어렴풋이나마 생각했었다. 금강을 읽은 감동으로 나는 동학농민혁명을 차근차근 공부하기 시작했고, 둘째아들의 이름을 하늬로 지었다.

그렇게 크지 않았지만 아담한 집, 이 집은 시인의 미망인 인병선 여사의 손때가 구석구석 묻어나는 집이다. 인병선 여사가 시인을 생각하고 쓴 시 한 편이 신영복 선생의 글씨로 걸려 있고 그의 시비는 서천으로 빠지는 길, 백제대교를 지나기 전에 있다.

시인이 타계한 그 이듬해 몇몇 사람들이 뜻을 모아 시비를 세웠다. 그런데 시인의 시비 앞에 하필 반공순국지사비를 세우는 건 무슨 애꿎은 심사일까. 시인은 오직 '통일' 만을 위하여 강건하게 '중립의 초례청' 을 외쳤건만, 시비 앞에 웬 '반공은 삶의 길이요 임들은 평안하소서' 라는 글로 시작하는 비를 세웠을까? 바라보면 가슴이 저절로 뜨거워지는 것은 이곳을 찾는 모든 사람들의 숨길 수 없는 심사이리라. 우리는 시비 앞에서 백제 흥망의 역사를 떠올리며 잠시 감회에 적는다.

발길을 돌린 우리는 KBS 부여 송신소를 지나 강 길을 따라간다. 들녘에는 노란 벼이삭들과 비닐하우스로 숲을 이루고 비포장 길은 먼지를 풀풀 내며 지나다니는 작업차량들로 한가할 새가 없다.

백제 때 군사가 주둔했던 곳이어서 군숫들 또는 군수평이라고 부르는 군수리에는 군수리 절터가 있다. 1939년 이곳의 절터에서 곱돌로 만든 앉은 부처와 금동부처, 그리고 청 · 홍 · 황색의 작은 옥들이 무수히 나왔다고 한다.

군수리와 인접한 왕포리는 대왕리와 구포리를 합하면서 왕포리가 되었고 대왕리 앞에 있는 대왕들(펄)은 드넓다. 들을 건너 동리마을이 보이고 마을 앞 강변에는 장암면 장정으로 건너가는 장정나루가 있었으며 장하리에는 정림사지 5층석탑을 빼닮은 장하리 3층석탑이 남아 있다.

중정 3리 농기계 보관 창고를 지나 제방이 끝나는 지점에 플라타너스 나무가 밑둥이 끊어진 채 둥글게 서 있다. 아마도 전깃줄이 지나기 때문에 상단부를 끊어버린 듯싶지만 아예 밑둥까지 잘라버리든지 했어야 했다. 이 나무는 사람이 얼마나 무심하게 잔인할 수 있는지 또 자연의 생명력은 얼마나 끈질긴지를 몸소 보여주는 듯하다. 그렇다. 강하게 살아남으라. 살아 있다는 그 사실 자체만으로도 삶은 얼마나 아름답고 숭고한가?

제방을 내려서며 현북리에 접어든 뒤부터 이곳까지 오는 동안 제방 아래쪽 농토는 어디 한 곳 손댈 수 없을 만큼 새카맣게 쭉정이만 남아 있다. "가을바람에 곡식이 혀를 빼물고 자란다."라는 옛 속담이 있는데 이 나락들이 얼마 남지 않은 햇볕에서 혀를 빼물고 기를 쓰고 자랄 필요가 없는 것은 이곳 역시 지난 대청댐의 방류로 인해 한 해 농사를 망치고 말았기 때문이다.

추수를 기다려야 할 황금 들녘이 아무도 반가워하지 않을 거무튀튀한 옷을 입고 쓸쓸하게 서 있는 금강변에서 내 마음은 아픈 다리만큼이나 무거웠다.

용머리처럼 생겼다는 용머리산도, 백제 때 임금이 여자를 희롱하며 놀았다는 희녀대 터도, 흘러가는 저 강물도 이제는 마음속에 묻어두어야 할 시간이다. 희녀대 금강가에 '네 번째 구간' 끝이라는 글자를 힘차게 찍었을 때 햇살은 서쪽 강변에 붉은 노을로 내려앉았다.

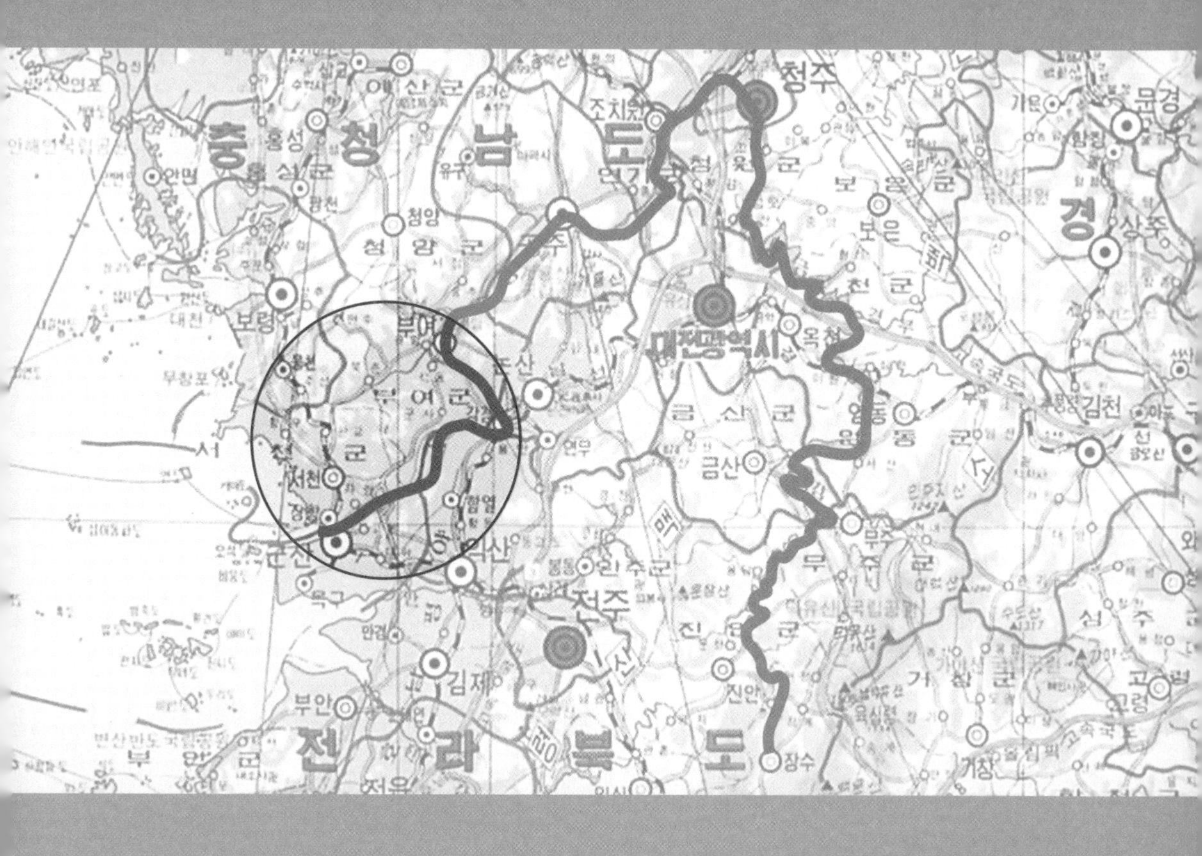

5구간

부여에서 군산 하구둑까지

부여에서 강경으로
불어오는 갈바람에 내 가슴 찡합디여

부여에서 강경으로

태풍이 남기고 간 흔적

마지막 구간 첫날이다. 부여읍 석성리 '숲속가든' 200미터 길 아래 하천부지의 논들은 홍수에 씻겨내려간 뒤 쭉정이만 남아 있고 길은 종점이다.

오솔길에는 장마 때에 떠내려온 온갖 쓰레기들이 널려 있고 강가에서 푸드득하고 새 몇 마리 날아오른다. 싸리나무 사이로 어제 지나온 부여 땅과 금강이 또렷하게 보이고, 다시 수많은 오리 떼들이 날아오르는 강가의 나무에 비닐 열매들이 수없이 매달려 있다.

국사봉(180미터) 자락으로 접어든다. 행정구역상 부여읍 현북리 만약골인 이곳에는 몇 년 전만 해도 사람이 살고 있었을 듯한데 지금은 빈 집 몇 채가 대책도 없이 허물어져가고 쓸쓸히 감나무만 집을 지키고 있다. 채성석 씨는 어느새 대나무 간짓대를 찾아가지고 와서 붉은 홍시 몇 개를 딴다. 참새가 방앗간을 그냥 지나칠 수는 없지. 우거진 풀숲에는 희미하게 길 아닌 길이 그래도 남아 있다. 마을을 벗어나며 길은 안개 속처럼 희미하고 그 길을 나서자 확 트인 강가에 이른다. 강가에는 한 사람의 낚시꾼이 낚싯대를 드리우고 앉아 있다.

부여 부근의 금강 | 123년 간 백제의 수도로 자리 잡았던 부여의 모습.

우리는 봉두정이마을 고성리에 도착한다. 이 지역은 백제 때 군대가 주둔했던 곳이라서 봉두정이라 불리고 장암면으로 건너가던 봉두정 나루가 있었으며 봉두정 서쪽에는 속이 비어서 밟으면 통통 울린다는 통통바위가 있다. 가건물로 지어진 음식점이 나타나고 바로 그 위쪽에는 멧돼지 농장이 있었다. 사육을 해서 그런지 내가 본 여러 멧돼지들 중 야생 멧돼지와 가장 흡사하게 생긴 멧돼지들도, 우리가 접근하자 여느 돼지들과 다를 바 없이 쭈르르 달려와서 물끄러미 쳐다본다.

봉두정이 부근 낚시터에는 논산, 강경뿐만 아니라 군산, 전주 사람들까지도 즐겨 찾아온다고 한다. 마을을 벗어나자 길은 탄탄대로다. 김재승 회장이 한마디 한다.

"금강을 걸어가다 보니 보아서는 안 될 풍경들이 왜 그렇게 많은지, 특히 대전은 대전대로, 충북은 충북대로 충

석성면 부근의 금강 | 1914년 행정구역을 개편하기 전만 해도 하나의 현이었던 석성면 부근의 금강.

남은 충남대로 하천부지를 메워가다 보면 강은 어떻게 하지요?"

다들 아무런 말도 못한 채 그저 한숨만 쉴 따름이다. 봉두정이를 지나며 넓디넓은 벌판이 이어지고 제방은 일직선으로 뻗어 있다. 멀리 강경 일대가 보이고 강이 잔잔하게 흐른다. 그리고 저만치 아스라하게 보이는 산이 미륵산이다.

버드나무 숲은 강가에 울창하지만 버드나무마다 쓰레기 옷을 입고 있고 세도면 갯벌의 나무숲은 벌써 가을 옷을 갈아입었다. 제방 아래 펼쳐진 논밭은 이번 태풍 때 모조리 휩쓸려간 듯 모래사장으로 변하였고 우리는 뒷개사리 들을 거쳐 아랫가사리를 지난다. 노란 벼이삭들과 비닐하우스 숲이 펼쳐진 그 뒤에 마을이 있다.

하늘에 구름은 낮게 드리우고 불어오는 바람은 한가롭지만 제방 아래 모래가 삼켜버린 하천부지는 말 그대로 아수라장이다. 누구에게 하소연할 수도 없고 보상을 받을 수도 없는 농부의 마음은 얼마나 타들어갈까. 그래도 비닐하우스에서는 새롭게 태어날 새싹들을 위하여 트랙터로 씨를 뿌리고 있다.

버드나무 사이로 석성천이 흐르는데 이 길 역시 이번 태풍 때 끊어져버린 모양이다. 조그만 각목을 걸쳐놓고 간신히 건넌다. 저 멀리 석성천에 있는 도치개다리는 오래 전에는 돌로 만든 돌다리였는데 홍수로 인하여 유실된 뒤에 배를 대신 놓고 지나다니다 나무로 만들었다고 하고 그 뒤

나무 다리를 지금처럼 시멘트 다리로 만든 것이다.

이중환의 『택리지』에 나오는 이산 · 연산 · 은진은 현재 논산시에 편입되었고, 석성은 부여군, 경천은 공주시에 속해 있다.

석성면을 흐르는 석청천은 공주군 탄천면 반송리에서 발원하여 논산군 광석면 · 성동면과 부여군 석성면 경계를 지나며 수당포가 되고 서쪽으로 흘러 석성 남쪽 성동면 우곤리 도치미에 이르러 도치개 또는 제포가 된다. 또한 서남쪽 우곤리 도치미에 이르러 되치개 또는 저포가 되고 서남쪽 아래 24사리에서 금강으로 합류한다.

강을 건너면 부여에서 논산시 성동면 우곤리로 접어든다. 옛날에 서당이 있어서 서당골이라 불리는 서당마을에는 모양이 돼지같이 생겼다 해서 도치매(지산)라는 낮은 산이 있고 밧소곤(우곤), 안소곤(내우곤) 등의 마을과 형상이 반달처럼 생겼다 해서 다르매(월외)라는 아름다운 마을이 있다.

강은 크게 휘돌아가며 논산 · 강경 평야를 만들어내고 저 멀리 바라다보이는 것이 논산천이다. 불암산 자락을 지나 제방에 올라서자 강경이 저만치 보이고 금강을 가로지르는 황산대교가 눈 안에 가득 찬다. 마을 앞에 개가 있고 낮은 산 등허리에 마을이 있으므로 개척이라고 이름 지은 개척리는 개척을 해서 얻은 들판을 연상시키듯 들판이 넓다.

금사리마을을 지나 제방에 오르자 논산과 강경이 한눈

계백 장군의 황산벌 전투

백제 의자왕 20년 신라의 김춘추는 외세인 당나라에 군사를 요청하였다. 당나라 소정방은 왜군을 이끌고 와서 신라와 연합하여 백제를 침략하였다. 당나라 군대는 백강의 왼쪽 기슭에 상륙하고 신라는 탄현을 넘어섰다. 백제는 계백으로 하여금 5천의 결사대를 뽑아 황산벌에서 일전을 벌이게 하였다. 싸움터에 나가기 전 계백은 "이제 나당의 대병과 전쟁을 벌이게 되니, 국가의 앞날을 예측할 수 없다. 불행히 지는 경우 내 처자가 적의 노예가 될지도 모른다. 욕되게 사느니 차라리 죽는 것이 낫다."며 처자를 죽이고 싸움터로 나갔다가 지금의 논산군 연산면인 황산 벌판에서 힘이 달려 부하들과 장렬한 최후를 마쳤다. 마침내 사비성은 함락되고 공주로 몸을 피했던 의자왕도 항복하여 당나라로 끌려가고 백제는 멸망하고 말았다. 백제 의자왕 20년, 서기 660년이었다.

계백 장군의 무덤 | 논산시 부적면에 있는 백제 계백 장군의 무덤. 나당연합군에 대항하여 오천 결사대를 거느리고 장렬하게 싸우다 이곳에서 전사했다는 이야기가 전해온다.

에 들어오고 개척들이 넓게 펼쳐져 있다. 그리고 하늘에는 구름이 한가롭게 흐른다. 이곳이 바로 강경이다. 이곳 하천부지도 예외는 아니다. 태풍이 모조리 쓸고 간 이 농작물들을 보상해준답시고 겨우 한 번 뿌릴 농약 값을 준다니.

논산천 수문을 건너는 방법이 있을 것인가 우려했는데 우려한 대로 방법은 없다. 느티나무 우거진 마을은 너무 평화롭고 어쩌면 마지막으로 '돌아가는 것 또한 즐겁지 아니한가'를 써먹어야 할 구간일지도 모르겠다. 모두가 쓰러져버린 곳에도 쑥부쟁이를 비롯한 들꽃들은 의연하게 꽃을 피워낸다.

논산천을 가로지른 강경대교 아래 옛 다리를 건넌다. 전라북도 완주군 운주면 고당리 왕사봉에서 발원한 논산천은 북쪽으로 흘러 장선천이 되고 논산시 양촌면에 이르러 인내가 된다. 그 물은 다시 서북쪽으로 흘러 논산시 가야곡천과 부적면 경계에서 조정저수지를 이루고 논산시에 이르러 연산천과 노성천을 합한 뒤 남서쪽으로 흘러 옥녀봉 아래에서 금강으로 들어간다.

논산의 옛 이름은 땅이 누런 빛깔이라 '놀뫼'라고 불렀다. 이 나라의 건장한 남자라면 누구나 기억하는 제2훈련소가 있는 곳, 그곳을 거쳐간 사람들은 오랜 세월이 흘러도 잊지 못하리라. 잊지 못할 곳, 논산이라는 이름은 1914년 일제의 행정구역 개편 때, 놀뫼에 가까운 한자를 골라 논산이라 명명한 것이다. 논산천과 금강이 만나 펼쳐놓은 기름진 논강평야 덕에 이 들판에서 여러 차례 큰 싸움이 있었다. 특히 황산벌에서는 백제 계백 장군과 당나라 소정방의 격렬한 전투가 벌어졌다.

그때 이곳에 계백 장군의 무덤이 있다고 구전만 되어오다가 지금의 논산군 부적면 충곡리에 성역화되어 세워졌다. 대전으로 가는 국도변의 황산 벌판에는 추수 끝난 볏단들이 그날의 백제 군사들처럼 바람 맞으며 서 있다. 그리고 몇백 년의 세월이 흐른 뒤 황산의 위쪽 연산면 천호리에서 후백제 견훤의 아들 신검과 고려 왕건의 싸움이 있었다.

당시 왕건은 개태사 자리에다 진을 쳤고 신검은 20여 리쯤 떨어진 은진현 마산에다 진을 쳤다. 그러던 어느 날 왕건은 꿈을 꾸었다. 큰 가마솥을 머리에 쓰고 들어가는 꿈이었다. 왕건은 불길한 꿈이 아닌가 하고 이 사람 저 사람에게 해몽을 부탁했다. 그러다가 근처 마을 한삼내에 해몽을 잘한다고 소문이 자자한 여인네에게 변복을 하고 찾아갔다. 가보니 여인은 없고 여남은 살 먹은 딸만 남아 있었다. 그 딸의 해몽인즉 죽어도 험하게 횡사할 꿈이라는 것이었다. 왕건이 낙심천만해 있는데 그 여인이 돌아왔다.

다시 꿈을 해몽한 여인은 왕건에게 왕이 될 길몽이라며 "면류관을 쓰고 물 속에 들어가 용왕이 되는 꿈입니다. 소원 성취하실 것입니다."라고 말했다. 왕건은 개태사 자리에다 단을 쌓고 부처님 앞에 축원을 드렸다. 왕건은 그 싸움에서 신검을 이겼다. 나라를 세운 뒤 그는 꿈을 해몽해 준 부인의 고마움을 잊지 못해 그 면을 부인천면이라고 이

개태사 | 후백제를 물리친 고려 태조 왕건이 황산이라는 산을 하늘이 보호한다는 뜻의 천호산으로 바꾸고, 그 자리에 개태사를 지었다고 한다.

강경포구 | 조선 말까지 금강 연안 일대의 가장 큰 포구였던 강경 포구.

름 지었고 그곳에 있던 황산을 하늘이 보호한다는 뜻으로 천호산으로 바꾸고, 개태사를 지었다고 한다.

그러나 아들 신검의 반란으로 금산사에 갇혔다가 결국 왕건에게 투항했던 견훤은 논산시 연무읍 금곡리에서 죽어서도 못 잊는 완산 땅을 바라보며 쓸쓸히 잠들어 있다. 또한 논산의 소토산은 호남 농민군과 청산에서 내려온 호서 농민군이 만나 본진을 설치했던 곳이고, 그곳에서 손병희, 전봉준이 의형제를 맺었으며, 우금치 패전 후 다시 돌아와 전략을 짰던 역사적인 곳이기도 하다.

과거에 실재했지만 지금은 사라져버리고 흔적 없는 그 역사를 더듬어보며 걸어가는 이 다리 아래 논에도 모두 쭉정이만 남아 있다. 옥녀봉 아랫자락을 돌아가며 오래 곰삭은 장승 한 쌍을 만난다. 이처럼 천하대장군, 지하여장군이 나라 곳곳에서 지키고 있어도 나라는 왜 이렇게 어지럽기만 할까?

탱자나무 아래 머물렀던 일행들은 나타나지 않고 나는 옛 시절 사람들이 북적였던 강경포를 바라보며 회상에 잠겼다.

금강하구의 발달한 하항도시 강경포구

조선시대에 대구, 평양과 함께 3대 시장으로 불릴 만큼 상권이 컸던 강경은 금강하구에 발달한 하항도시로 내륙교통이 불편하였던 과거에 물자가 유통되는 요충지였다.

또한 이중환은 "충청도와 전라도의 육지와 바다 사이에

위치하여서 금강 남쪽 가운데에 하나의 큰 도회로 되었다."고 강경을 평하면서 "바닷가 사람과 산골 사람이 모두 여기에서 물건을 내어 교역한다. 매양 봄여름 동안 생선을 잡고 해초를 뜯는 때에는 비린내가 마을에 넘치고 작은 배들이 밤낮으로 두 갈래진 항구에 담처럼 벌여 있다. 한 달에 여섯 번씩 열리는 큰 장에는 먼 곳과 가까운 곳의 화물이 모여 쌓인다."고 기록하였다.

가깝게는 금강 상류의 공주, 부여, 연기, 청양지방과 멀리는 청주, 전주지방까지 포함되는 넓은 배후지를 지녔을 뿐만 아니라 편리한 수운에 힘입어 큰 교역의 장소로 발달하였던 강경포는 크고 작은 어선과 상선의 출입이 많았다고 한다.

그때의 이름은 강경포였고 "은진(논산)은 강경 덕에 산다."라는 속담이 있을 정도로 번창했던 곳이다. 그 무렵의 강경은 충청도는 물론이고 전라도, 경기도 일부까지 강경포를 중심으로 상권이 형성되어 있었다.

강경의 발전에 중추적인 역할을 한 것은 천혜의 포구와 함께 객주를 들 수 있다. 구한말 경강상인 만상, 송상으로 대표되는 객주 집단은 강경에서 큰 자본을 바탕으로 어민들의 출어자금을 대고 잡은 고기를 판매하면서 부를 축척하였다. 이때 강경에는 한 번에 10척의 배를 부리는 객주가 20명 이상 있었다고 한다.

조선 말기까지 금강 연안 일대의 가장 큰 포구였고 원산, 마산과 함께 대표적인 어물 집산지였으며 충청도와 전

옥녀봉 | 옥녀봉 위에 있는 바위 면에는 '용영대' 세 글자가 새겨져 있는데, 강경포를 드나들던 뱃사람들이 이곳에서 용신에게 제사를 지내어 뱃길의 안전과 만선을 빌었다고 한다.

라북도 그리고 경기도 남부까지 큰 상권을 형성하였던 강경은 1905년 경부선이 개통되면서 급속히 쇠퇴의 길로 접어들게 되었다.

김주영이 『객주』에서 묘사했던 강경포구에는 몇 척의 배만 떠 있고 낚시꾼들만 그 자리를 지키고 있었다. 현재의 강경은 금강 하구둑이 막히면서 뱃길이 끊어진 채로 온갖 젓갈의 주산지로만 남아 있다.

황산나루에서 진수성찬의 점심을 먹다

강경포를 내려다보고 있는 옥녀봉 위의 바위 면에는 '용영대' 석 자가 새겨져 있는데 강경포를 드나들던 뱃사람들이 이곳에서 용신에게 제사를 지내어 뱃길의 안전과 만선을 빌었다고 한다.

용영대 아래에는 표영대라는 바위가 있고 그 바위에서 내려다보면 금강이 발 아래에서 익산 쪽으로 흘러가는 경관이 더없이 아름답다. 표영대와 나란히 서 있는 조수바위 면에는 조수가 드나드는 시간을 알리는 시가 새겨져 있다.

금강과 논산천이 만나 어우러지는 제방을 내려서자 멀리 황산옥이 보인다. 저곳에서 김동수 국장은 점심을 준비하고 우리를 기다리고 있을 것이다. 드디어 황산나루에 도착한다. 본래는 전라북도 여산군의 지역으로 황산과 황산포가 있었던 이곳은 일제 때는 황금정이었다가 1947년 왜식동명 변경에 따라 정에서 동으로 바뀌었다. 이곳 황산나루에는 옛 시절 강경에서 임천으로 건너가는 배로 다리를 놓은 배다리가 있었다. 이 황산나루에서 강은 이미 바다나 다름없다.

논산에서 병원을 운영한다는 김재승 회장의 동서 덕택에 황복찜과 우어회에 소주가 준비된 진수성찬의 점심을 먹는다. 우리가 먹고 있는 우어나 황복은 원래 강경포구 일대에서 주로 서식하는 기수어들이었으나 지금은 100퍼센트가 금강 하구둑 밖에서 잡히는 것들이란다. 그 이유는 하구둑을 막으면서 물고기들이 오고갈 수 있는 '어도魚道'를 설치했지만, 금강호가 민물로 바뀌면서 민물과 바닷물이 섞이는 곳에서 살아가던 물고기들이 대부분 사라져버렸기 때문이다.

죽림서원 | 인조 4년에 사계 김장생이 이곳에 임리정이라는 정자를 짓고서 후학들을 가르치는 동시에 서원을 짓고 황산서원이라고 하였다. 그 뒤 현종 6년에 사계 김장생을 추배하는 동시에 죽림서원이라는 사액을 받았다.

음식을 나르는 아주머니들의 말에 의하면 저번 홍수 때에 이 황산옥도 처음에는 이틀, 나중에는 사흘 동안 물에 잠겨서 장사를 못했다고 한다.

나는 고깃배 몇 척 매어 있는 황산포구에서 미세한 바람을 맞으면서 흐르는 강물, 흐르는 구름을 넋을 잃고 바라다본다.

임리정 | 임리정은 사서삼경의 하나인 『시경』 중 "여림심연如臨深淵 여리박빙如履薄氷"이란 구절에서 유래한 말로 "깊은 못가에 서 있는 것과 같이 또한 얇은 얼음장을 밟고 있는 것과 같이 자기의 처신과 행동에 신중을 기하라."는 뜻이다.

김장생과 이중환이 여생을 보낸 여산

황산의 남쪽에는 죽림서원이라는 서원이 있다. 인조 4년에 사계 김장생 선생이 이곳에 임리정이라는 정자를 짓고서 후학들을 가르치는 동시에 서원을 짓고 정암 조광조, 퇴계 이황, 율곡 이이, 우계 성혼을 향사하고 황산서원이라고 하였다. 그후 현종 6년에 김장생을 추배하는 동시에 죽

김장생
이이와 송익필의 문인으로 일찍이 과거를 포기하고 학문에 정진하다가 임진왜란 중에 정산 현감으로 있으면서 피란 온 사대부들을 구휼하였다. 이후 인목대비 폐모 논의가 일어나고 북인이 득세하는 과정에서 더 이상의 관직을 포기, 연산으로 낙향하여 10여 년 간 은거하면서 예학연구와 후진양성에 몰두하였다. 1623년(인조1) 인조반정이 성공하자 조정에서 여러 관직을 제수하였으나 매번 사양하고 관직에 나아가지 않았다. 그후 인조의 아버지 정원군을 정식 국왕으로 추존하려는 논의가 일어나자 반대하고, 인조와도 의견 차이를 보였다. 그는 조정의 출사요구도 거절한 채 향리에 머물면서 강학에만 열중했다. 그이 제자는 송시열 외에 서인과 노론계의 대표적 인물들이 많다.

림서원이라는 사액을 받았다. 그 뒤 우암 송시열을 배향하였지만 고종 8년 서원 철폐 때 헐렸다가 8 · 15 해방 후에 복구하여 현재 봄, 가을에 제사를 지낸다.

서원 위쪽에 있는 임리정은 사서삼경의 하나인 『시경』 중 '여림심연如臨深淵 여리박빙如履薄氷'이란 구절에서 유래한 말로 "깊은 못가에 서 있는 것과 같이 또한 얇은 얼음장을 밟고 있는 것과 같이 자기의 처신과 행동에 신중을 기하라."는 뜻이고, 건너편 산에는 팔괘정이 서 있다.

『택리지』를 지은 이중환은 생애의 마지막을 이곳 강경에서 보냈는데, 그 당시의 상황이 『택리지』의 발문에 다음과 같이 실려 있다.

> 내가 황산강黃山江가에 있으면서 여름날에 아무 할 일이 없었다. 팔괘정에 올라, 더위를 식히면서 우연히 논술한 바가 있다. 이것은 우리 나라의 산천 · 인물 · 풍속 · 정치 교화의 연혁, 치란득실治亂得失의 잘하고 나쁜 것을 가지고, 차례로 엮어 기록한 것이다.

팔괘정 | 이중환은 생애의 마지막을 강경에서 보냈는데, 그때 팔괘정이라는 정자에 머물면서 『택리지』를 지었다.

이 내용을 보면 이중환이 이곳에서 20여 년의 방랑생활 마치고 『택리지』를 완성했던 것으로 짐작된다.

햇빛은 일기예보와는 달리 따갑게 내리쬔다. 강경읍을 지나 전북 익산 땅으로 접어든다. 저만치 나바우 성당이 보이고 둑에는 시들고 뼈대만 앙상하게 남은 달맞이 꽃대가 사열병처럼 서 있다.

저 멀리 보이는 나바위는 우리 나라 최초의 신부였던 김대건과 관련이 있다. 1845년 10월 12일 밤 중국에서 신부가 된 김대건이 페레올 주교와 다블뤼 신부와 함께 서해를 거쳐서 이곳 망성면 화산리 나바위라는 조그만 마을에 닿았다. 그때만 해도 이곳은 논과 밭이 그리 많지 않고 금강물이 들어오던 포구였다.

김대건은 이곳 나바위 마을에 도착한 뒤 반년 동안 이곳저곳을 돌아다니며 포교에 힘쓰다가 붙잡혀 1846년 9월 16일 서울의 새남터에서 목이 잘린 채 죽었다. 어린 나이로 중국에 건너가 온갖 어려움을 겪은 뒤 조국에 돌아와 선교 활동을 시작하던 중 그 뜻을 펴지 못하고 순교한 것이다. 그가 죽은 뒤에도 천주교는 조선 왕조로부터 오랫동안 박해를 받았지만 그는 우리 나라 최초의 신부로 기억되고 있다.

나바우 성당

1955년 나바위에 세운 기념비에는 그의 죽음을 기리는 글 한 편이 새겨져 있다.

이름도 숭고하다 / 복자의 귀한 이름 / 이름은 안드레아 / 안명은 재복이니 / 또다시 복자로다 / 겨레여 명심하라 / 영웅의 높다 / 보명은 지식이요 / 관명은 대건이니 / 민족의 대건이어라.

또한 망성면 신작리 무내미(수원) 마을에는 천연기념물 제188호로 지정된 곰솔나무가 있다. 나이가 370여 년쯤

성흥산성 느티나무 | 성흥산성은 부여를 방어하는 산성으로 금강이 환히 바라다보이는 부여군 임천면에 세워졌다.

된 이 나무는 높이가 10.2미터이고 신작리 무내미 마을과 충청남도 강경읍 채운동의 접경에 있는 동산 위에 우뚝 솟아 있다. 이 곰솔의 왼쪽에 배꼽처럼 혹이 하나 있는데 거기에는 이런 전설은 서려 있다.

옛날에 배꼽이 유난스레 컸던 어떤 처녀가 배꼽 때문에 소박을 맞고 쫓겨나 이 근처 연못에 빠져 죽고 말았다. 그리고 그 연못 근처에 커다란 배꼽이 달린 곰솔나무가 솟아나와 자라기 시작했다. 그 뒤로 무내미마을과 채운동의 두 양마을에서는 음력으로 섣달 그믐에 공동으로 이 나무에 제사를 지내는데 나무를 조금이라도 해치는 사람은 큰 재앙을 받는다는 말이 있기 때문에 정성을 다해서 보호한다고 한다.

여기쯤에서 금강은 북서쪽으로 휘돌아간다. 멀리 보이는 산이 부여군 임천면 군사리의 성흥산(286미터)이고 그 산에 성흥산성과 대조사가 있다.

이 성은 그후 백제부흥운동군의 거점지가 되기도 하였는데 당시 이곳을 공격하던 당나라 장수 유인궤는 이 성이 험하고 견고하여 공격하기 어렵다고 하였다고 한다.

한편 고려 초기의 장군 유금필이 견훤군과 대적하다가 이곳에 들러 빈민구제를 하였다고 하여 해마다 제사를 드리는 사당이 남아 있다.

성흥산을 오르다 보면 산성으로 가는 길과 대조사 가는 길이 나뉜다. 대조사는 대한불교조계종 제6교구 본사인 마곡사의 말사로 『부여읍지』에 의하면 백제 때의 도승 겸익이 인도에 가서 범본 율장律藏을 가지고 돌아와 창건한 것으로 되어 있으며 『사적기』에는 527년에 담혜가 창건한 것으로 되어 있다.

그 뒤 이 절은 고려 원종 때 진전장로가 중창하였고 여러 차례의 중수를 거쳐 오늘에 이르렀다. 남아 있는 건물은 대웅전과 산신각 요사채가 있으며 대웅전 뒤편에 보물 217호로 지정되어 있는 석조 미륵보살 입상이 있다. 전설에 의하면 겸익의 꿈에 나타난 관음보살이 큰 새로 변해 날아간 곳을 뒤따라가보니 성흥산의 한 바위 위였고 그곳에 절을 짓고 절 이름을 대조사라고 부르게 되었다고 한다. 절 앞에는 고려시대의 것으로 추정되는 삼층석탑(충청남도 문화재자료 제 90호)이 있다.

대조사 석조 미륵보살 입상

대웅전 뒤편에 땅에서 솟아난 듯한 거대한 부처 한 기가 서 있다. 높이가 10미터에 이르는 이 미륵보살 입상은 규모와 양식 면에서 논산 관촉사의 은진미륵이나 연산 개태사 석조삼존불상 등 충청도 지방의 불상과 같은 특징을 보여주는 작품 중의 하나이다.
큰 바위에다 뿌리를 내린 소나무가 우산을 펼친 듯한 자세로 서 있는 그곳에 세워진 이 불상은 크게 몸체와 머리, 보관으로 나뉘는데 몸체는 육중한 돌기둥으로 모서리는 죽이고 옷자락은 다듬은 모습이다. 연꽃 가리를 쥐고 있는 미륵보살은 관촉사 은진미륵과 달리 눈이 부리부리하지 않다. 대좌는 자연석이며 앞에는 자연석을 약간 다듬어 상석을 놓았다.

억새와 갈대는 가을바람에 흔들리고

가운데 소펄(중포), 웃소펄(상포), 아랫소펄(하포) 마을에 펼쳐진 가을 들판의 색깔이 유난히 예쁘다. 저렇게 예쁜 들녘이 용안, 함열, 춘포를 지나 끝간 데 모르게 펼쳐진다. 문득 같이 걷고 있는 사람에게 전화가 온다. 어디쯤 가고 있느냐고 성당 포구에서 새참으로 막걸리를 마시기 위해서 기다리고 있노라고. 점심 먹은 지가 언제인데 그새 새참이 우리를 기다리는가.

우리들은 이렇게 금강변에서 세월을 낚고 있고 제방에 선 하얀 억새꽃들이 바람에 흔들린다. 대다수의 사람들은 억새와 갈대를 제대로 구별하지 못한다. 그래서 국립공원

대조사 석조 미륵보살 입상 | 이 불상은 규모와 양식 면에서 논산 관촉사의 은진미륵이나 연산 개태사 석조삼존불상 등 충청도 지방의 불상과 같은 특징을 보여주는 작품 중 하나이다.

억새 | 금강변 망성들 제방에 피어난 억새와 청명한 하늘.

월출산만 해도 종주 산행길의 도갑사 빠지는 코스에서 만나게 되는 억새밭에 갈대밭이라는 안내판을 세워놓지 않았는가.

이곳에서 보면 운주의 대둔산, 공주의 계룡산, 임천의 성흥산, 금마의 미륵산이 한눈에 들어온다.

수문이 있는 아랫소펄 다리를 지날 무렵 군산 농민회 회원들이 홍시를 따놓고 기다리고 있다. 어쩌면 이번 여정에서 맛보는 마지막 홍시일지도 모르겠다.

우리는 지금 용두산 아래를 지나고 있다. 강경에서 용안 쪽으로 가는 길에서 보면 봉우리가 연달아 있는 이 산은 지형이 용의 머리처럼 생겼으므로 용두산이란 이름이 붙었는데, 강경에서부터 흘러온 금강이 굽이쳐 돌기 때문에 경치가 매우 아름답다.

용두산 기슭에 자리한 용두리는 『여지도서』에 기록되어 있는 용두포로 조선시대 조운 창고인 득성창이 자리 잡고 있었다. 용안포에서 강 건너 다근이로 가는 나루터가 있었으나 여객선이 경유하지 않았다.

강 가운데에는 모래섬이 있고 그 섬에도 벼를 심었지만 이번 홍수로 새까맣게 변하였고 버드나무가 갈대숲과 어우러져 있다. 용두교 양수장 아래에서 강은 드넓지만 저 건너 부여군 세도면 다근이로 건너갔던 다근이나루는 사라지고 없다. 또한 이 뒷산 망태봉이라는 산에선 밤에 별을 보기가 좋았다는데 그 역시 옛날 이야기일 뿐이다. 지금이라도 익산시나 문화단체에서 온고지신하는 마음으로 관측소나 천문대 같은 것을 설치한다면 얼마나 좋을까?

함라 막걸리가 포천 막걸리보다 못하냐

"말을 몰아 유유하게 이 고을에 오니, 발 걷으면 보이는 칼날 같은 산뿐일세. 주인 없어 시름 베기 어려운데, 위에 올라가면 헛되이 바라보는 눈만 차게 하도다."

조선 중기의 문신 노사신盧思愼이 이곳 용안현에 들러 남긴 글이다. 보이는 것이 산과 강뿐이라서 나그네의 쓸쓸함이 가슴 언저리까지 묻어나는 고장으로 표현된 용안.

용안면 법성리 북면들이 펼쳐진 제방에서 거울같이 흐르는 금강을 바라보며 막걸리 한 잔을 나눈다. 함라 주조장에서 만들어진 막걸리는 포천 일동 막걸리보다 맛있다는데 이 지역 사람들만 알고 있을 뿐이다. 지방자치제가 실시되면서 지역의 특산품들을 널리 알려서 지역경제를 활성화시켜야 한다고 하면서도 실상은 그렇지 못한 것이 오늘날의 실정이다.

"함라 막걸리가 정말로 맛은 좋아." 하며 일행들은 일어날 줄을 모른다. 술을 마시던 채성석 씨가 동료 농민들에게 뼈있는 한마디를 건넨다. "금강을 따라 걷다 보니 쓰레기들 중 농민들이 버린 농약병이 거짓말 좀 보태서 절반쯤은 됩니다. 농민들만을 탓할 수도 없지만 우리들도 이제부터 각성해서 농약병 안 버리기 운동을 벌여야 할 것 같아요."

맞는 말이다. 이 강은 누구의 것인가. 이 땅에 살고 있는 모두가 관심을 갖지 않으면 누가 관심을 갖겠는가.

강 건너 버드나무 아래 강물은 짙푸르고 누군가가 채성석 씨의 말을 받는다. "책상머리에서만 이렇다 저렇다 하는 사람들 믿을 수도 없어. 이제 농촌에 있는 우리들이 나서서 제대로만 하면 걱정이 없을 거여." 희망 속에서 모든 것이 이루어진다. 사람만이 희망인 것이다.

이곳 제방에서부터 산에서나 볼 수 있는 나무들이 심어져 있다. 자귀나무, 싸리나무들에 칡넝쿨까지 얽혀 있고 누군가가 심어놓은 돔부들까지 열매를 매단 채 얽혀 있다.

이 법성들에는 가마같이 생겼다고 해서 이름 붙여진 가마골이 있었고 구유처럼 생겨서 이름 지어진 구유배미가 있었다. 건지매마을은 옛날 이곳에 흉년이 들어 마을 사람들이 버섯으로만 끼니를 때우고 연명할 때 버섯을 말리는 광경이 매우 아름다워서 건지매라는 이름을 붙였다고 한다. 건지매마을에서 석동리 석동으로 넘어가는 고개 이름은 아리랑 고개였고 건지매 북쪽에는 쌀이 정확하게 한 섬이 나오는 한 섬지기라는 논이 있었다.

석동리의 가래펄을 지나 난개, 난포, 금두포 등으로 풀리는 난포리에 접어든다. 한 시절 전만 해도 이곳에 장이 섰던 난포 장터가 있었다는데 그 장터는 흔적조차 없다. 시골 면 단위 오일장마저도 시들해지고 그나마 남아 있는 몇 개의 장터마저도 유명무실한데 하물며 장의 기능이 사라진 강변마을의 장터는 오죽하랴.

"농촌의 하수처리 문제는 그렇게 큰 문제가 되지 않아요. 그리고 땅 지키는 자가 일어나면 강 지키는 문제 그렇게 어렵지 않을 것이라고 생각해요."라는 유재열 씨의 말에 "쉽게 말해서 금강을 그 이름처럼 살리는 것이 우리들의 몫이지요."라고 이대원 국장이 덧붙인다.

그러나 세상은 얼마나 복잡다단하게 이루어져 있고 도저히 풀 길이 없이 엉켜 있는 일들이 얼마나 많은가. 새만금 문제도 그렇고 대기업 구조조정 문제에다 전주 신공항 문제 그리고 혼탁해질 대로 혼탁해진 정치권 문제도 그렇다. 지금은 진정으로 죽은 솔로몬을 살려내어 그 지혜를 빌릴 수밖에 없다는 얼토당토 않은 생각들이 오히려 설득력을 얻는 시대가 아닌가.

금강과 합류하는 함열천을 지나며 어둠은 금세 내려앉고 우리들은 성당면에 접어든다. 이곳에서 멀지 않은 웅포면 송천리에 천년고찰 숭림사가 있다.

부곡천은 익산시 삼기면 연동리에서 발원하여 낭산면 성남리의 강변을 지나 삼기천이 되고 용기리 한기 앞에서 구내를 합한 뒤 상담리에서 명천내와 합류한다. 용안면 화실리를 지나며 부곡천이 되고 용성리 교항에서 서쪽으로 꺾인 후 송산리 지나 덕룡리에서 함열천을 받아들인다. 그런 다음 북쪽의 성당면과의 경계에서 금강으로 들어간다.

숭림사 | 중국의 달마대사가 숭산 소림사에서 9년 간 면벽 좌선한 고사를 기리는 뜻에서 절 이름을 숭림사로 했다고 한다.

한때 번성했던 성당포구와 입포나루

익산시 성당면의 성당리에는 조선시대에 열아홉 고을의 조세를 받았던 조창인 덕성창이 있었고 부곡천이 금강으로 합류하는 지점에는 성당포구가 있었다.

성당은 일명 승댕이라고 불리는 곳으로 조선시대 함열현감이 직접 조운선단을 이끌고 금강과 서해를 거쳐 한양으로 세곡을 운반하기 위한 출발장소인 성당창이 있던 곳이다.

고려 말에 용안에 설치되었던 조운창고의 수로지형이 변하여 선박을 운영하는 것이 불편해지자 조선 세종 10년에 함열에 위치한 피포로 이전하고서 그 명칭을 덕성창德城倉으로 바꾸었다. 덕성창은 나주의 영산창榮山倉 영광의 법성창과 함께 『경국대전』에 기록된 조선 전기 전라도 지역의 3개 조창이었다. 그러다 성종 13년에 덕성창이 다시 용안으로 옮겨가며 득성창得城倉이라고 이름을 바꾸었다. 성종 18년에는 득성창의 일부 기능이 옥구에 있는 군산포로 넘어가 군산창群山倉(혹은 칠읍해창, 군산시 금동)이 개설되었다. 이후 중종 7년에는 득성창의 기능이 군산창으로 완전히 통합되면서 조선 후기까지 지속되었다.

한편 강 건너 양화면 입포리는 본래 임천군 대동면 지역으로 금강가에 있으므로 갓개 또는 판포, 입포라고 불렀던 큰 포구였으며 익산시 웅포면으로 건너가던 나루가 갓개나루였다.

입포에서 거래되던 것은 주로 어류와 농산물 그리고 소

조운제도와 조창

조운漕運제도는 현물로 수취한 각 지방의 조세를 왕도까지 운반하는 제도이고 조창은 고려 · 조선 시대에 조세로 거둔 현물을 모아 보관하고 이를 중앙에 수송하기 위해 수로水路연변에 설치한 창고 및 이 일을 담당하던 기관으로 세곡의 수납 · 보관 · 운송 기능을 담당했다. 조창은 해로나 수로 이용이 쉬운 서해와 남해, 한강 연안에 설치되었는데, 강변에는 수운창水運倉, 해변에는 해상창海上倉을 설치하였다.

각 조창에는 판관判官이 배치되어 조운 사무를 관장하고, 중앙에서 감창사監倉使를 파견하여 횡령 등 부정행위를 감독 · 조사하였다. 판관 아래에는 조세를 거두고 운송하여 경창에 입고시키는 일을 담당하는 색전色典이라는 향리가 있었다.

가을에 수집된 세곡은 이듬해 2월부터 한강과 서해를 통하여 개경으로 운송되었는데, 개경에 가까운 조창은 4월까지, 먼 조창은 5월까지 운송을 끝내도록 되어 있었다. 이 가운데 덕흥창에는 200석 적재량의 평저선平底船 20척, 흥원창에는 21척, 나머지 조창에는 1,000석 적재량의 초마선哨馬船과 각 선 6척씩을 배치하였다. 특히, 고려 말기에는 세미의 운반기간에 왜구가 발호하여 조운을 중단하는 사례가 있어 육로로 수송되는 경우가 많았다. 조선시대에 들어와서도 조창제도를 정비해서 운용하였는데, 해상창은 예성강구禮成江口로부터 섬진강구蟾津江口에 이르는 서해안에 몇 군데 두었고, 남해안에는 영조 때에 설치하였다.

금이었는데, 그 중 어류는 홍어와 조기류가 주종을 이루었다. 조기는 대부분 흑산도와 위도, 칠산, 연평어장에서 잡힌 것들이었다. 특히 해방 직후 조기어장이 대풍으로 마을 전체에 조기 썩는 냄새가 진동했고 수백 척의 어선이 드나들었다고 한다. 그 시절 입포는 "개도 지전을 물고 다녔다."고 할 만큼 번성했던 포구였다.

성당면 성당리에서 웅포면 대봉암리 상제 성리로 가는 달고개를 넘어가는데 옛날에 있었다는 서낭당을 찾아보기가 쉽지 않다. 큰 부엉이가 올라앉아 늘 울었다는 큰 바위가 있어서 대붕리라 불리는 곳에는 부여군 양화면 엄포리 갓개로 가는 갓개나루가 있었고 양지편 서쪽에는 마루새라는 아름다운 이름의 마을이 있다. 원대동에서 제성마을까지 고개를 넘는 사이 어둠이 짙어진다. 이 제성리에는 양화면 갓개로 건너는 제성나루가 있었다.

이곳에서 아스무레하게 보이는 저 건너 부여군 양화면 암수리에 있는 유왕산留王山(67미터)에는 백제 멸망의 한이 서려 있다.

의자왕과 대신 93명 그리고 백성 1만 2807명이 소정방에게 끌려 당의 노예로 잡혀갈 때 백제의 남은 백성들이 이 산에 올라가서 임금과 가족들을 머무르게 해달라고 애원하였다고 한다. 그로부터 1300여 년 동안 해마다 8월 17일이 되면 백제 멸망 후 가족들이 돌아오길 기원하기 위해 인근 고을의 부녀자들이 음식을 장만해가지고 몰려와서 노래를 부르는 것이 하나의 풍습으로 자리 잡았다. 이 추모

산유화가

궁야평 너른 들에 / 논도 많구 밭도 많다. / 씨뿌리고 모 욍겨서 / 충실허니 가꾸어서 / 성실하게 맺어보세 /
산유화야 산유화야 / 오초吳楚 동남 가는 배는 / 순풍에 돛을 달고 북얼 둥둥 울리면서 / 여기여차 저어 가지 / 원포 귀범이 이 아니냐 /
산유화야 산유화야 / 이런 말이 웬말이냐 / 용머리를 생각하면 / 구룡포에 버렸으니 / 슬프구나 어와 벗님 / 구국 충성 다 못했네 /
산유화야 산유화야 / 입포에 남당산은 / 어이 그리 유정턴고 / 매년 팔월 십륙일은 / 왼 아낙네 다 모인다 / 무슨 모의 있다던고 /
산유화야 산유화야 / 사비강 맑은 물에 / 고기 잡는 어옹덜아 / 온갖 고기 다 잡어두 / 경치일랑은 낚지 마소 / 강산 풍경 좋을시고 /
에헤 에헤야 / 에 헤 에여루 상사뒤요.

유왕산 놀이

백제 유민의 망국의 한을 달랬던 놀이로 1948년까지 이어져오다 중단되었으나 학계의 고증을 거쳐 1997년부터 다시 이어졌다. 이 놀이가 끝난 다음날에는 입포의 남당산에서도 이와 비슷한 놀이를 했다고 한다. 이 노래가 입에서 입으로 전해온 것은 모를 심거나 김을 맬 때 이 노래를 불렀기 때문이다.

제를 유왕산 놀이라고도 하는데 부녀자들은 “이별 말자 설워마소 만날 봉자 또다시 있네.” 하고 노래를 부르고 뒤를 이어 개벽의 꿈을 담은 산유화가를 불렀다고 한다.

우리가 고개를 넘어 초등학교 앞에 도착했을 때 코스모스가 가득 피어 있는 길가에서 하굣길의 아이들이 지나가는 차들에게 태워달라고 손을 흔들고 있었다. 그러나 어느 차가 세워주겠는가. 나는 아이들에게 걸어가라고 말한다.

“우리 아저씨들은 천 리 길을 걸어가고 있고 오늘만 해도 칠십 리를 걸었단다.”

그 말을 들은 두 아이는 따라 걷고 한 아이는 그대로 어둠 속에서 손을 흔들면서 코스모스가 되어가고 있었다.

나들이산정에서 늦은 저녁을 먹으며 오늘 지나온 여정을 반추해본다. “뭐니 뭐니 해도 자연이 살아야 사람도 살지요.”라고 말하는 채성석 씨의 말에 고개 끄덕이며 쓰디쓴 소주 한 잔을 비웠다.

불어오는 갈바람에 내 가슴 찡합디여

노는 것처럼 일하고 일하는 것처럼 놀고

아침에 일어나자 온몸이 아프다. 사람이 간사한 것이라서 오늘 끝난다 생각하니 어깻죽지도 아프고 다리도 아프다. 문을 열자 개들 너머 웅포대교가 거대한 몸체를 드러낸다. 저 다리를 건너면 충남 부여군 양화면이다.

웅포면 맹산리에서 하룻밤을 묵고 밝은 아침 햇살의 환영을 받으며 길을 떠난다. 들판은 어디라 할 것 없이 누런 황금빛이다. 개들 앞 금강에는 이번 홍수 때 떠내려온 모랫벌이 형성되어 있고 그 위로 몇 마리 백로들이 한가롭게 소요하고 있다.

익산군 웅포면 맹산리와 부여군 양화면 금성리를 잇는 거대한 다리 웅포대교를 지난다. 아침 햇살을 받은 야생돔부의 자주색 꽃들은 더 더욱 선명한 아름다움을 드러내고 있다. 아무도 가꾸지 않은 돔부들은 자연스레 익어 떨어지

웅포대교 | 익산시 웅포면과 충남 부여를 잇는 웅포대교.

고 봄날에 다시 태어나서 저렇게 열매를 맺는다. 강폭은 멀어 바다 같고 몇 명의 낚시꾼들이 낚시를 준비하고 있다.

오늘만 걸으면 금강을 따라 걷는 놀이도 끝을 맺는다. 나는 노는 것처럼 일하고 일하는 것처럼 논다고 말해왔고 또 그렇게 살아왔다. 그러다 보니 나는 여러 가지 형태의 놀이를 개발하였지만 그 놀이들 역시 오래하다 보니 지치게 되었다. 무엇을 하며 놀 것인가 생각한 끝에 이렇게 천리 길을 한 걸음 한 걸음 따라 걷는 놀이법을 개발해낸 것이 아닌가. 이 놀이는 오늘 막을 내릴 것이고 그 다음 나는 어떤 놀이를 하며 남은 생애를 보낼 것인가.

우리가 지금 지나고 있는 고창은 조선 초기에 열아홉 개 고을의 조세를 받아다가 금두포로 옮기기 전 모아두었던 곳이어서 고창이라고 하였다.

들이 넓고 산들이 많은 이곳에는 절도 많고 재도 많았다. 성당면 장산리와 웅포면 고창리에 걸쳐 있는 일치산(132미터)에는 성불사 터가 있고 소마 남쪽에는 그절이라는 이름의 절이 있었다. 한재골 동쪽에는 화산이 있고 고창 북쪽에는 순풍산(66.4미터)이 있다.

고개는 또 얼마나 많은가. 소마에서 어영골로 가는 길에 안장처럼 생긴 안장고개가 있고, 일치봉 남쪽 고개를 지나 성당면 두통리 갈산으로 가는 고개가 한재 고개인데 흙이 붉다고 해서 붉은 고개라고 부른다. 고창에서 제성리 성동으로 가는 고개는 작은 한재이고 고창에서 소마로 넘어가는 고개는 말음재이다.

강가에는 폐타이어와 찢어진 그물들이 떠밀려와 있고 갈대밭 너머로 멀리 나포가 보인다. 낚시터마다 낚시꾼들이 일곱 개에서 열 개에 이르는 낚싯대를 여기저기 벌여놓고 앉아 있다. 저것은 분명 기업이다. 열 개의 회사를 거느린 그룹 총수처럼 낚싯대 하나하나를 눈이 뚫어져라 바라보고 있다. 낚싯대 한 개 드리우고 자신의 마음을 닦고 인생을 닦는, 그리하여 세월을 낚아올리며 세상을 창조하는 낚시법을 익혀야 하지 않을까? 만선을 꿈꾸는 어부처럼 꿈을 꾸고 있는 것은 아닐까?

제방에 세워져 있는 금강호 조수자료에 의하면 이곳에는 큰고니, 큰기러기, 가창오리, 청둥오리 댕기물떼새, 흑고또리요, 개리, 검은머리물떼새, 비오리, 황조롱이, 왜가리, 쇠기러기, 물총새, 알락꼬리 마도요, 논병아리, 흰죽지, 마도요, 고방오리, 해오라기, 흰뺨검둥오리, 검은머리갈매기, 비오리 등 30~40여 종의 철새 10여 만 마리가 찾아온다고 한다. 저 낚시꾼들이 저렇게 재벌 회장들처럼 극성을 부리다 보면 그 철새들이 옛날처럼 이곳을 찾아오지 않을 것은 불을 보듯 뻔하다. 하지만 현재 더 시급한 문제는 모래 채취나 환경폐수로 금강이 더욱 오염되는 것이다. 금강의 수질이 갈수록 나빠지고 있기 때문이다.

2000년 5월 금강 하류 강경의 수질은 BOD(생물학적 산소요구량) 7.6ppm, COD(화학적 산소요구량) 8.9ppm을 기록했다. 농업용수로도 쓰지 못할 정도로 악화된 것이다.

특히 2000년 여름의 불볕더위 속에 금강 하류의 정체수

역에서 심한 녹조대가 형성되어 수질악화를 견디지 못한 물고기들이 허옇게 배를 드러낸 채 죽어가기도 했다.

코스모스는 강변에 하늘거리고 강물은 저렁듯 출렁거리며 흐르다. 판포 제방에서 먼저 출발한 유재열 씨와 얘기를 나누는 사이 판포리에 살고 있는 김운태(82세) 옹을 만난다.

망성들 제방 코스모스 | 금강가 제방에 핀 코스모스.

"여그를 요즘에야 판포라고 허지 옛날에는 늘애라고 혔어. 곰개에서 여그까지 쭉 늘어서 있어 늘애라고 혔지. 나는 여그서 났고 여그서 자랐어. 그때에는 차가 별로 없응게 소구루마 말구루마로 실어 날랐어. 여그를 곰개라고 혔지. 저 산이 곰이디야. 그 전에는 저 건너 사람들이 이곳으로 배 타고 와서 장도 보고 혔어. 여그 말도 마, 고깃배들이 많이도 들어왔어. 군산, 목포, 나라도, 여수 배들까장 조구 잡아가지고 배넘어고개 저그로 20~30척의 배가 들어와서 팔았어. 그런디 장항 다리 만들어져 배가 이곳으로 못 들어오고 세월이 흐르면서 많이도 변했지."

김운태 옹의 말이 아니라도 솟대가 있어서 솟대배기 들이라는 이 들판에 솟대도 사라져버리고 이 늘애 앞에 있었다는 사주는 흔적도 없이 사라져버렸으며 충남 서천군 기산면 신성리로 건너가는 곰개나루도 이미 없다.

피포는 웅포와 함께 금강의 중요 포구로 이용되었는데 김정호의 『대동지지』에서는 피포에 해창이 있었다고 실려 있지만, 어쩌면 웅포면 고창리에 위치했던 조선시대 덕성 창터를 피포와 혼돈했던 것으로 보인다.

덕양정 | 웅포나루를 바라보는 덕양정

덕양정에서 강물을 바라보다

유재열 씨는 문득 "아침에 보니까 가을은 가을입니다. 강변에 나가보니 불어오는 실바람에 내 가슴이 찡합디여." 그렇다. 유재열 씨의 말이 아니더라도 강가에 흐드러진 코스모스 꽃이며 억새와 갈대가 눈부시게 피어난 것을 보면 가을이 완연하다. 오늘은 9월의 마지막 날이 아닌가.

코스모스와 배롱꽃이 한들거리는 아래로 바다 같은 강물은 유유히 흐르고 덕양정 아래 소나무 숲은 더없이 푸르다. 주민의 말에 의하면 덕양정은 나 · 당 연합군에 전멸당한 백제부흥군과 진포대첩에서 수중고혼이 된 수많은 왜구들의 넋을 위로하기 위해 곰나루 언덕배기에 세웠다고 한다. 저 출렁거리는 물살 너머로 우리가 지나온 웅포대교는 하나의 풍경으로만 떠 있고 나는 덕양정의 팽나무 그늘 밑에 누워 흐르는 강물, 흐르는 구름을 내려다본다.

덕양정에서 바라본 금강 | 덕양정 아래에서 바라본 금강은 넓고도 넓어서 바다와 같다.

웅포는 일제시대에 "첫째, 강경, 둘째, 곰개(웅포)"라고 불리며 금강 지역 유통 상권에서 두 번째로 큰 포구로 번영을 누렸던 곳이다. 그 당시만 해도 웅포의 광덕정 아래에서 한산면 신성리로 왕래하는 나룻배가 있었으며, 이 나룻배는 웅포 오일장을 찾는 충청도 상인들이 많이 이용하였다.

웅포의 용왕제

현재의 덕양정 자리는 본래 금강을 오가는 배들의 무사안전을 기원하는 용왕사가 있던 터다. 용왕사의 용당이라는 명칭은 나루터나 포구의 제사를 지내던 곳을 가리키는데, 웅포 용왕사는 고려시대 조정에서 관리하는 전국의 제사처였던 전국의 3산 5악 중 4해에 드는 서부릉변의 현장으로 당시 임피군에 속하여 국가적인 용왕제를 지내던 유서 깊은 곳이다. 용왕사의 전통은 1970년대까지 지속된 웅포 용왕제에서 그 흔적을 찾을 수 있다. 용왕제는 웅포면 웅포리 일대 9개 마을이 정월대보름날 덕양정 자리에 있던 용왕사에 모여 웅포에 소속된 어선들의 안녕과 풍어를 기원하는 제례였다.

군산시청 학예연구사 김중규 씨가 조사한 바에 의하면 웅포와 신성리의 나룻배 운용은 양 지역의 경제뿐만 아니라 혈연적 관계로도 연결되었다. 당시 웅포와 신성리에 사는 주민들이 서로 결혼을 많이 하여 사돈마을이라고 부르곤 하였는데 중매는 대개 생선장수들이 섰다고 한다.

이곳 나루는 이용객이 많아 1905년 『함열군 읍지』에 의하면 군에서 이곳 나루터에 도장을 1명 배치하여 매달 20냥의 세전을 거두었다고 한다.

웅포에서 가장 유명한 특산품은 젓갈이었다. 현재는 젓갈 하면 강경이지만 전에는 웅포의 젓갈이 더 유명했다고 한다. 웅포의 젓갈 중 조기젓은 특히 유명하여 이리, 전주 등으로 팔려나갔고, 이때 조기젓은 조기젓대로 젓국은 젓국대로 따로 팔았다고 한다. 지금도 나포 등 인근 마을에서는 할일 없이 빈둥거리는 사람에게 "일 없으면 곰개(웅포)에 가서 젓국이라 날라라."고 핀잔을 주곤 한다.

저 건너 한산면의 한산 세모시는 서천군의 명물이다. 땅이 모시 가꾸기에 좋아서 모시로 얻는 이익이 전국에서 첫째라고 알려져 있을 만큼 한산면의 세모시가 서천군의 명물로 자리 잡은 지는 오래다. 『삼국사기』에 의하면 모시옷은 삼국시대부터 우리 나라 사람들이 즐겨 입었다고 한다. 1123년 고려에 사신으로 온 송나라 사람 서긍徐兢이 보고 들은 풍물을 쓴 『고려도경高麗圖經』에 의하면, "임금도 서민들과 마찬가지로 흰 모시옷으로 평상복을 입었다."라고 기록되어 있다.

또한 『고려사』에 의하면 원나라가 바치라고 요구한 조공 속에는 모시 2천 필이 들어 있었으며 그 뒤로도 조선이 중국에 바친 조공 속에는 언제나 흰 모시가 들어 있었다.

삼베와는 또 다른 옷감으로 고급 옷감이라고 할 수 있는 한산의 세모시는 『택리지』 「복거총론」의 '생리生利' 편에도 "진안의 담배밭, 전주의 생강밭, 임천과 한산의 모시밭, 안동과 예안의 왕골논"이라는 구절이 있을 만큼 나라 안에 널리 알려져 있었다. 이 지역의 세모시는 그 품질이 우수하고 섬세하며 단아하여 모시의 대명사로 알려졌는데 특히 이곳의 모시는 다른 지방의 모시보다 섬세하게 제작되어 밥그릇 하나에 모시 한 필이 다 들어간다는 말이 있을 정도였다.

또한 이 한산면의 건지산(160미터)에는 1939년에 사적 제60호로 지정된 건지산성이 있다. 고창의 모양성이나 전남의 낙안읍성, 서산의 해미읍성처럼 잘 정돈된 성은 아니지만 역사적으로는 중요한 가치를 지닌 성이다.

둘레가 63킬로미터에 샘이 일곱, 못이 하나에 군창이 있었던 이 성은 백제 초기 또는 통일신라 때에 쌓았을 것으로 추정된다. 역사학자 이병도 씨는 이 성을 임존성과 함께 백제가 망한 뒤에 의자왕의 넷째아들 풍과 백제의 장군 복신 그리고 도침 등이 백제부흥운동을 벌였던 주류 성일 것이라고 추측하고 있다. 그러나 이도학 교수는 오히려 부안의 우금산성에 더 후한 점수를 주고 있다. 논의를 종합하면 건지산성은 전북 부안의 우금산성, 향토사학자 박성

룡이 주장하는 홍성군의 학산성, 연기군의 고산성과 함께 주류성으로 여겨지고 있다.

이 건지산 계곡의 맑은 물로 빚은 청주인 한산 소곡주는 진도 홍주, 선산 약주, 서산 두견주, 안동 소주, 동래산성 막걸리와 함께 임금께 올리는 진상주였다.

하루 종일 앉아서 마시다가 다음날 봇짐까지 잃었다고 하여 앉은뱅이 술이라고 불릴 만큼 감칠맛 나는 소곡주를 빚을 때에 부르던 노랫소리가 들려오는 듯도 하다. "방아야 방아야 소곡주 방아야 이 소곡주 먹고서 노래나 불러보세."

제법 규모가 컸던 웅포와 나포나루

구레뜸(웅포 1구) 나루뜸은 마을 이름이고 먹으매백작골은 골짜기 이름이다. 단동골 북쪽에는 다리미같이 생겼다는 대리미산이 있고 양지편에서 제성으로 돌아가는 모퉁이는 도래모탕이라는 아름다운 우리말 이름으로 남아 있다.

석산 개발 | 강가 어느 곳이나 개발과 이익에 혈안이 된 업자들에 의해 석산 개발이 한창이다.

웅포 서쪽에 섬이 하나 있다. 그 섬 이름은 땅펄이고 그곳에 서면 멀리 금강대교, 즉 서해안 고속도로가 보인다. 제방에서 논둑으로 내려서서 웅포와 나포 사이 산자락 아래를 끼고 돌아가는 길이 제법 운치 있다. 강은 여기서 강이 아니고 바다와 같다.

곰개에서 나포면 옥동리로 넘어가는 고개가 배나무 코쟁이었고 옥동에서 배나무 코쟁이로 가는 고개 이름은 옥

골재이며 그곳에는 서당이 있었다고 한다. 이 산자락 저편에 갓을 만드는 점이 있어서 입점이라고 하였다

갈대숲 우거진 산길을 헤쳐나가자 양수장이 나타나지만 높은 담이 길을 가로막는다. 우여곡절 끝에 담을 넘어 양수장을 통과한다.

옥동마을 길로 들어서자 대지개발이라는 회사가 나타나고 그곳에선 흙먼지를 일으키며 대규모 석산 개발을 하고 있는 중이었다. 강 쪽으로는 파다 만 돌산이 흉물스럽게 드러나 있고 그 옆에는 눈 가리고 아웅 하는 식으로 원상회복을 한답시고 계단식으로 흙을 쌓고 있으니 우리 나라에 지금 개발이라는 미명하에 저렇게 파괴되어가는 자연이 얼마나 많은가?

산모퉁이를 돌아가자 보이는 산이 공주산이다.

『신증동국여지승람』 임피현 산천조에는 "공주산은 현의 북쪽 13리에 있는데 전하는 말에 공주로부터 떨어져나왔기에 이름한다고 한다."라고 적혀 있어 이미 조선시대 초에도 제법 큰 규모의 어촌이 형성되어 있었음을 알 수 있다.

공주산 상봉에는 장수가 돈치기를 한 흔적이 남아 있다는 장수바우가 있고 공주산 뒤쪽에는 바람이 많이 분다고 해서 바람개비(신곡리)라는 이름의 마을이 있다.

공주산 아래에서 강은 비단결처럼 곱고 길은 아스라한 옛 기억 속의 길처럼 아름답다. 강가에 가지를 드리운 소나무에는 어민들이 풍어제를 지낼 적에 매어놓았던 오색

공주산 | 공주에서 떠내려왔다고도 하고, 공주의 태를 묻었다고도 하여 이름을 공주라 지었다 한다.

공주산 전설

공주산에는 우리 민족의 기원인 고조선과 연관된 전설이 서려 있다. 고조선의 준왕이 위만에게 나라를 빼앗긴 후 배를 타고 남쪽으로 내려와 새로운 땅을 찾았는데 그때 준왕이 처음 상륙한 곳이 바로 금강 하류인 나리포의 공주산이었다. 또한 준왕은 산을 넘어 익산에 가서 나라를 세웠는데 이때 왕의 딸 공주가 머물렀던 곳이기에 이 산을 공주산이라 불렀다고 한다. 한편 공주를 데리러 왕이 왔다고 하여 공주산의 앞산은 왕이 왔다는 뜻의 어래산이라 불린다.

천이 바람에 날리고 있다.

이 산 중턱에 나포리 사람들이 대를 이어 모셔오는 당집이 있었다고 하는데, 현재는 빈 터만 남아 있다. 고군산열도를 뺀 내륙지방 가운데 이곳에서만 영산당제가 전해지고 있다. 영산당제는 해마다 정월대보름날 저녁에 영산당에 밥, 떡, 돼지머리, 과일 등 온갖 제물을 차려놓고 지내는데 고기잡이와 농사가 잘되고 마을에 아무 탈이 없기를 빌던 제사다. 이 제사에 드는 돈은 제사를 지내기 며칠 전부터 마을 집집마다 돌아다니며 걸궁굿을 쳐준 뒤 쌀과 돈을 거두어 마련했다. 당제가 끝난 뒤 마을 사람들은 풍물을 치면서 놀았는데 지금은 예전만큼 풍요롭지는 못하지만 불과 20여 년 전만 해도 제사를 끝낸 뒤에 무당을 불러다가 굿을 크게 벌인 뒤 2~3일씩 놀았기 때문에 인근 마을 사람들까지 놀러 왔었다고 한다.

당시 금강에서는 강경 다음으로 입포, 웅포, 나포의 순으로 포구의 규모가 컸으며 이곳에 들어온 어선들이 가격을 못 맞추어 잡아온 어류의 판매시기를 놓치면 어류의 신선도가 떨어지는 일이 빈번하게 발생했는데, 이런 경우 어부들은 논산으로 가서 물건을 처분했고, 이러한 경우를 객주들은 "오줌 싼다."라고 표현했다고 한다.

임피현에 딸린 포구인 진포는 현의 북쪽 17리에 있다. 금강이 공주의 웅진과 부여에 이르러 남쪽으로 꺾이면서 용안현의 동쪽에 이르고, 서쪽으로 돌아나와서 바다로 들어가는데, 진포는 곧 금강이 바다로 들어가는 입구로 이곳에서 많이 잡히는 어종이 게와 도미, 뱅어, 진어(준치)였다.

옥동 동쪽에 있는 시아지 마을은 지형이 가늘고 길어 시나리이고, 시아지 동쪽에 있는 골짜기 온수동에는 여름에 차고 겨울에 더운 물이 흘러서 온수동이며, 나포 북쪽에는 호랑이처럼 생겨서 호랑이 바위라고 이름 붙은 바위가 있다. 이곳 나포리에서 충남 서천군 화양면 용산리로 건너가던 나포나루는 이미 그 기능을 잃은 지 오래이고 원나포를 거쳐 그뎅이 마을을 지나자 십자들이다.

서해안 고속도로의 금강대교가 한눈에 들어오고 곧이어 저 제방 가운데 쯤에서 점심을 먹을 것이다.

들녘은 넓고도 넓다. "겨울에는 저 들판에 기러기 떼들이 수없이 날아왔었어요. 그러면 옥곤리 뒤편의 동그래산이나 저 산 날맹이에다 양쪽에서 대나무 그물을 쳐놓고 있으면 기러기가 망태로 하나씩 잡혔어요."

채성석 씨의 말을 들으며 나는 추수 끝난 다음 저 들판에 날아올 수많은 철새들의 날갯짓을 떠올려본다.

저 멀리 보이는 망태산(222미터)의 정상에 올라서면 바다가 한눈에 보인다고 한다. 번듯번듯 열 십자를 그려놓은 듯하다고 해서 십자들이라는 이름이 붙은 십자들 제방에 앉아 전선생님 댁에서 가지고 온 점심을 먹는다. "정오를 지난 사람에게는 곧 밤이 찾아오리라."라는 발레르프의 말처럼 이제 얼마 남지 않았다. 황금빛 벌판 너머로 서포리 일대가 보인다.

서포리와 오성산 자락을 지나다

서포는 과거에는 서시포라고 불리던 마을로 이중환이 지은 『택리지』에는 다음과 같이 실려 있다.

> 강을 거슬러 올라가면 시야가 탁 트인 곳에 서시포西施浦라는 큰 마을이 있는데 배가 머무르는 곳으로 강경, 창안과 함께 강가의 이름 있는 마을이다. 서시포라는 명칭은 민간에 전해오기를 중국 월나라의 미녀로 미인의 대명사인 서시가 바로 이곳 출신이라서 서시포라 한다.

서시는 중국 월나라 때의 미인으로 나라를 위태롭게 할 정도의 뛰어난 미녀였다. 월왕 구천이 자신의 목숨을 구하기 위해 오왕 부차에게 서시를 헌납하는 미인계를 썼는데, 결국 오왕은 서시에게 빠져 정치를 멀리하고 끝내 멸망하고 말았다. 그러나 『택리지』에 나오는 이야기는 그저 민간에 떠도는 이야일 뿐인 듯하다. "한자성어 '경국지색傾國之色'이라는 말을 만들어낸 주인공으로 중국 강남의 소흥 저라산 근처에서 나무꾼의 딸로 태어난 서시를 이름이 같다고 해서 군산 서포 출신이라 하는 것은 심한 억측으로 보인다."는 군산시청 학예연구사 김중규 씨의 말이 더 설득력이 있다.

저 멀리 보이는 서포리에는 강변다리라는 다리가 있고 서천군 화양면 지새울로 건너가던 술래나루가 있으며 주곡리의 문트매에서 둔터로 가는 고개 이름이 서울고개란다. 서해안 고속도로가 지나는 금강에는 모래가 쌓여 인공의 섬이 만들어지고 그 뒤에는 갈대숲이 형성되어 강바람에 흔들거리고 있다.

한국조류보호협회 군산지회 조류보호관찰소에서 잠시 쉬었다 가자고 한다. 그 건물 입구에는 여러 마리 개들이 컹컹 짖어대고 있었다. 웬 개들이냐고 묻자 이곳에서는 버려진 개들을 데려다 키운다 한다. 그래서인지 한 마리는 다리가 부러진 채로 절뚝거리며 걷고 있었다. 필요할 때만 데리고 놀고 필요치 않으면 버리는 토사구팽을 이곳에서도 보는 것 같아 씁쓸한 마음을 금할 길이 없다.

강은 거대한 서해안 고속도로를 떠받친 채로 무심히 흐르고 우리는 조류보호관찰소의 잔디밭에 누워 마지막 여정을 위해 심호흡을 한다. 처음 금강을 따라 걷다 도중에 하차했던 박종민 군은 그때의 낙오를 설욕하겠다더니 오늘은 앞서서 절뚝거리며 걷는다. 많이도 걸었다. 9월 1일 장수에서 시작한 우리의 여정은 이제 얼마 남지 않았다.

서포나루에서 도착지점 군산 하구둑까지 4.5킬로미터, 한 시간이면 도착할 것이다.

서해안 고속도로가 지나는 오성산 자락을 지난다.

오성산은 성산면 성덕리와 나포면 서포리 경계에 있는 산으로 높이는 226미터이다. 조선시대 봉수대가 있었던 곳으로 동쪽으로는 불지산 봉수와 서쪽으로 옥구 화산 봉수에 응하였다.

오성산의 아랫녘은 현재 석산 개발로 몸살을 앓고 있다.

오성산 전설
당나라 장수 소정방이 백제를 치러 왔다가 안개가 자욱한지라 더 나아가지 못하였다. 이때 안개 속에서 다섯 노인이 나타났다. 길을 몰라 당황하던 소정방이 그들에게 길을 묻자 대답하기를 "너희들이 우리 나라를 징벌하러 왔는데 어찌 우리들이 길을 가르쳐주겠느냐" 하며 거절하였다고 한다. 화가 난 소정방은 그 자리에서 노인들의 목을 쳐서 죽였다. 그 뒤 백제를 함락시키고 돌아가는 길에 그곳에 다시 들른 소정방은 그들을 성인이라고 칭송한 뒤 제사를 지내주었고 그때부터 이 산이 오성산이라고 불리게 되었다고 한다.

방제석 | 금강가 방제석에 적힌 중화요리 신속배달 전화번호.

채성석 씨의 말에 의하면 부적절한 방법으로 허가를 내준 공무원이 두 명이나 구속되었다는데도 공사를 중단하지 않은 채 계속 진행하고 있는 것이다. 문화유산이란 한 번 손상되면 다시 회복할 수가 없는데도 개발에 눈먼 공무원들과 돈에 이성이 마비된 업자들이 서로 결탁하여 온 국토를 박테리아처럼 갉아먹고 있는 것이다.

강가의 코스모스는 세상사에 초연한 듯 하늘거리고 강물에는 숭어와 강순치가 숨진 채 떠 있다. 누군가가 버린 쓰레기가 불태워진 그 앞 강변에는 몇 사람이 낚싯대를 드리우고 앉았고 풀숲에는 한때 보기 힘들었던 메뚜기들이 날아다닌다. 생명은 질긴 것이라서 어떠한 상황에서도 출렁거리는 파도처럼 삶을 멈추지 않는다.

강가의 방제석에 흰 페인트로 "야외 신속배달, 중화요리 453-7588"라고 씌어 있다. 낚시꾼들이 고기를 낚는 시간을 밥먹는 데 허비하지 않고 전념할 수 있도록 도와주는 신속배달이 이곳에까지 소용이 되는 것이다.

소설가 채만식이 본 금강과 군산

길을 올라서자 '빵빵' 경적소리 울리며 작업용 차량이 쉴 새 없이 지나가고 황풍마을 앞 들녘은 누렇다. 옛 이름이 달개였던 이곳 들판에서 서천군 화양면 고마리로 건너가는 나루터가 달개 나루터였고 달개 뒷산으로 달이 떠오르는 모습이 아름답다고 한다.

월포천이 금강으로 들어가는 하류에는 몇 척의 배가 떠

있고 포장도로의 사잇길은 천국과 지옥의 갈림길이나 다름없다. 그래서 사잇길로 접어들었는데 우거진 억새풀은 우리의 발길을 허락하지 않는다.

금강 하구둑 709, 성산 707 갈림길에 이른 우리들은 이곳에서 마지막 휴식을 취한다. 늘어선 소나무 사이로 오성산 천문대가 저만치 보인다. 그 오성산 자락은 증산 강일순의 법통을 넘겨받은 고수부(고판례)가 2년여 동안 머물다가 1935년에 세상을 등진 곳이기도 하다. 그 오른쪽에 봉수대산이 보이고 길 오른쪽으로 강은 말없이 흐른다.

옥구군 임피에서 태어나『태평천하』,『레디메이드 인생』 등 수많은 작품 속에 풍자와 해학, 그리고 당시의 시대상황을 세밀하게 묘사한 소설가 채만식은 소설『탁류』에서 금강을 '눈물의 강'이라고 명명하였고 그는 당시의 군산을 이렇게 묘사하였다.

> 급하게 경사진 강 언덕비탈에 게딱지같은 초가집이며 다닥다닥 주어 박혀 언덕이거니 짐작이나 할 뿐이다. 이러한 몇 곳이 군산의 인구 칠만 명 가운데 육만 명쯤 되는 조선 사람의 거의 대부분이 어깨를 비비면서 옴닥 옴닥 모여 사는 곳이다.

일제강점기 우리 나라에 이주한 일본인들은 군산이 호남평야를 배경으로 한 쌀의 집산지임을 알게 되면서 강제로 거둬들인 쌀을 내다팔았고 그때부터 군산은 수탈의 전

초기지로서 쌀의 수출항으로 자리 잡게 되었다.

한말의 유학자 황현은 『매천야록』에서 "나라에서는 백성의 형편을 생각하지 않고 과도한 세금을 거두어가고 관리는 관리대로 농간을 부려 제 배를 채우기에 바빴다. 그래서 살기가 힘들어진 백성들이 사방으로 흩어져 떠돌아다녔기 때문에 전북, 충남, 경기의 곡창 평야지대에는 버려진 옥토가 부지기수였다."고 기록하고 있다.

매천이 말한 버려진 황무지를 일본인들이 힘들이지 않고 차지했고 일본의 고리대금업자들은 이 나라의 농민들에게 고리채를 놓아 헐값으로 사들이고 강제로 빼앗았다.

소설가 채만식이 묘사한 금강

금강…….

이 강은 지도를 펴놓고 앉아 가만히 들여다보노라면 물줄기가 중동께서 남북으로 납작하니 째져 가지고는—한강이나 영산강도 그렇기는 하지만—그것이 아주 재미있게 벌어져 있음을 알 수 있다.

한번 비행기라도 타고 강줄기를 따라가면서 내려다보면 또한 그럼직할 것이다.

저 준험한 소백산맥이 제주도를 건너보고 뜀을 뛸 듯이, 전라도의 뒷덜미를 급하게 달리다가 우뚝…… 또 한번 우뚝…… 둑높이 솟구친 갈재(노령)와 지리산 두 산의 산협 물을 받아 가지고 장수로 진안으로 무주로 이렇게 역류하는 게 금강의 남쪽 줄기다. 그놈이 영동 근처에서 다시 추풍령과 속리산의 물까지 받으면서 서북으로 좌향坐向을 돌려 충청 좌우도의 접경을 흘러간다. …… 부여를 한바퀴 휘돌려다가는 급히 남으로 꺾여 논메(논산論山) 강경까지 들이닫는다.

여기까지가 백마강이라고, 이를테면 금강의 색동이다. 여자로 치면 흐린 세태에 찌들지 않은 처녀 적이라고 하겠다.

백마강은 공주 곰나루(웅진)에서부터 시작하여 백제 흥망의 꿈 자취를 더듬어 흐른다. 풍월도 좋거니와 물도 맑다. 그러나 그것도 부여 전후가 한창이지, 강경에 다다르면 장꾼들의 흥정하는 소리와 생선 비린내에 고요하던 수면의 꿈은 깨어진다. 물은 탁하다.

예서부터 옳게 금강이다. …… 이렇게 에두르고 휘돌아 멀리 흘러온 물이, 마침내 황해 바다에다가 깨어진 꿈이고 무엇이고 탁류째 얼러 좌르르 쏟아져버리면서 강은 다하고, 강이 다하는 남쪽 언덕으로 대처(시가지:市街地) 하나가 올라앉았다. 이것이 군산이라는 항구요, 이야기는 예서부터 실마리가 풀린다.

-채만식, 『탁류』

쌀의 집산지 군산

이 땅의 농민들은 새로운 땅을 찾아 북간도로 줄을 이어 떠났다. 당시 군산의 상황이 조정래의 『아리랑』에서는 이렇게 기록되어 있다.

> 금강포구의 왼쪽을 따라 해변으로 이어지고 있는 군산은 온통 왜색으로 뒤덮여 있었다. 곧게 뻗은 새로 난 길들이며 그 길을 따라 새로 지어진 높고 낮은 집들이 하나같이 일본식이었다. 예로부터 조선 사람들의 초가집은 해변에서 멀찍이 떨어져 앉아 있었는데 개항이 되면서 일본 사람들은 비워둔 해변가를 다 차지했던 것이다.

한편 군산의 전신인 진포에서 왜구와 고려 수군의 큰 싸움이 있었다. 1380년 8월 왜구의 배 500척이 침략하였다. 그때 최무선, 나세, 심덕부 세 장수가 최무선이 설계하고 감독하여 만든 80여 채의 병선과 새로 만든 무기인 화통과 화포를 싣고 진포에 도착했다. 새로운 병기를 만든 최무선도 의심했지만 적선에 다가가 일제히 화포를 쏘자 쌀을 싣기 위해 밧줄로 묶여 있던 그들의 배는 한꺼번에 불타버리고 대부분의 왜적들이 물에 빠져 죽고 말았다. 해마다 군산에서는 최무선의 진포해전을 기리는 진포 문화제가 열린다.

군산의 역사
1899년 5월 2일 부산, 원산, 제물포, 경흥, 목포, 진남포에 이어 '조선'에서 일곱 번째로 개항된 항구 군산은 외국인에게 개방되기 전까지만 해도 옥구군에 딸린 조그마한 포구였다. 백제 때의 군산은 마서량이었고 고려 공민왕 때인 1356년에는 금강 하구에 포구를 설치, 개성으로 가는 배들을 머무르게 하면서 진포라고 불렸다. 1397년에는 군산진이 되고 1910년 10월에 군산부로 승격되었다.

하지만 무심한 세월 속에 사라져버린 옛 이름들이 얼마나 많은가. 충남 서천 화양면으로 건너던 사옥개나루는 흔적도 없고 선양동에서 창성동으로 넘어가던 아리랑 고개는 어떤 형태로 남아 있는가?

군산 하구둑 | 군산 하구둑을 보니 다왔다는 안도감과 함께 서운함이 드는 것은 무슨 심사인가.

남은 거리 1킬로미터. 잠시 쉬었던 다리 다시 아프고 바위 끄트머리에는 누군가의 정성이 배어 있는 타버린 초 몇 자루가 촛농으로 남아 있다. 강물은 갈대 밑으로 출렁거리고 군산 하구둑 아래 햇살은 빛나고 있었다.

그러나 마지막까지도 난관은 있다. 높이 3미터를 훨씬 넘는 갈대밭 숲을 헤쳐나가는 것이 여간 힘든 게 아니다. 그 숲을 헤쳐나오니 억새와 코스모스가 숲을 이루고 앞을 나서자 죽은 사람의 해골처럼 뼈대만 앙상히 남은 효동산이 앞을 가리고 있다.

포장도로가 나타나며 눈앞에는 하구둑이 보이고 저기 저곳이 서천군 화양면 내석이다. 방파제에는 누군가 먹다

버린 빈 맥주캔들이 어지럽게 나뒹굴고 강물 소리는 찰싹거린다.

우리를 반겨주는 듯한 꽃들이 여기저기 피어 있고 나의 발걸음은 처음처럼 부드럽다. 군산의 금강 하구둑. 우리가 출발지점에서부터 그토록 그리워했던 곳이 바로 우리 눈앞에 있다. 우리는 아무 탈 없이 이렇게 돌아온 것이다. '금강 따라 천 리 길' 이라고 적힌 플래카드가 내어 걸리고 아내 오현신, 이재천 의원 그리고 이희라 씨, 김희자 씨 내외와 금강사랑회, 군산농민회 몇몇 회원들 그리고 서천환경운동연합 최진하 사무국장을 비롯한 수십여 명이 박수를 치며 우리를 기다리고 있다. 이제 간단한 경과보고를 마치고 뒤풀이에 들어갈 것이다.

군산 앞바다에 해가 지다 | 천 리 길을 마다 않고 흘러온 강물이 서해 바다로 들어가고 그 군산 앞바다에 해가 진다.

하구둑으로 해는 지고

"이제는 전라도나 충청도 사람뿐만 아니라 자연으로부터, 금강으로부터 혜택을 받고 있는 모든 사람들이 어떻게 하면 이 강을 올바르게 보존해나가고 더불어 살아갈 것인가를 고민해야 할 때입니다."

김재승 회장의 말을 들으며 나는 지금 지는 해를 바라보고 있다. 뜬봉샘에서부터 이곳 하구둑까지 이르는 모든 길들이 지는 해 속에서 떠오르며 내가 살아가야 할 길도 떠오르는 것을 본다.

군산 하구둑에 해가 지다

하구둑에 서서 나는 강이 한 그루 나무임을 안다. 우리가 하구로부터 물길을 올라가며 길이를 재었을 때 가장 먼 곳에 위치한 시원이 발원지라고 본다면 금강의 발원지는 뜬봉샘이었고 본류는 발원지에서 이르는 하나의 물줄기, 이름하여 금강, 즉 비단강이었으며 강의 길이는 401킬로미터였다.

그러나 하천연구가인 이형석 선생이 계측한 바로는 신무산 밥내샘에서부터 서천군 화양면 망월리 삼각점 기준으로 할 때 397.25킬로미터가 되고, 서천군 장항읍 전망산 등대를 기준으로 볼 때는 407.5킬로미터가 된다고 한다. 그렇기 때문에 금강 하구둑에서 옛 시절 하구로 보았던 구간은 현재는 금강이 아닌 서해로 바뀌었다고 볼 수 있다.

또한 하나의 물줄기에 곳곳에서 합류하는 모든 물줄기를 지류라고 했을 때 금강의 지류는 큰 것만 열거해도 107개에 달했다. 공통의 하류를 갖는 모든 물줄기들을 밖에서 에워싸는 영역을 유역이라고 볼 때 금강의 유역은 경기도 안성에서부터 경상도 상주 또한 그리고 군산에 이르는 엄청나게 큰 면적(9,886평방킬로미터)이다.

따라서 금강은 하나의 나무이고 모든 강줄기는 하나의 구심점, 즉 하구를 향해 달리지만 강줄기는 나무처럼 하나도 얽혀 있지 않고 끊기는 법도 없다.

남도의 시인 송수권은 그러한 강의 모습을 「한국의 강」에서 이렇게 노래했다.

강물은 뿌리로 보면 한 그루 나무와 같다
돌무지에서도 어린 느티나무 싹이 자라듯
처음은 가느다란, 가느다란 풀무치 울음 소리가 들린다.
그것이 귀또리 울음처럼 잎을 달고 제 날기뼈를 쳐서
지 깊은 구렁이처럼 운다. 이제는 융융하다 소리가 없다.
그러나 잘 들어 보면 한밤중 그것들은 저 벌판,
늑대들처럼 몰려서서 짖는다. 어떤 창이 와도 이 옆구리
찌를 수 없고 어떤 대포알이 와도 이 심장 죽일 수 없다.

강물은 뿌리로 보면 한 그루 나무와 같다.
창창한 어린 잎을 달고서는 계룡산 연봉을 보며
우쭐 거리던 처녀 시절, 참 좋은 숲 하나를 이루었다.
백마를 타고 강폭을 미끌어지던 범선의 돛대를 향하여
화살을 날리는 꿈같던 백제의 청년은 죽었다.
시들해지고 그 후 밑뿌리까지 다 보일 듯하더니
강경에 이르러 장꾼들의 멸치젓 새우젓 어리굴젓 독에서도
왁자지껄 진딧물 같은 물벼룩들이 툭 툭 떨어진다.
강물은 뿌리로 보면 한 그루 나무와 같다.

그것들은 모이고 모여 밑둥까지 꺼머진 채 숲을 이루며
어깨와 팔다리의 근육을 우그려뜨려서는 금산사의 미륵보살
흰 눈썹에도 어진 손 얹고 지나가는 것을, 그러고도
논산 제2훈련소 앞을 서서남으로 빗밋이 애두르고
휘두르다가는 이제는 그 숲 속에서 깨어진 꿈이고
무엇이고 탁류에 얼려 이제는 더 어쩔 수 없이
전라도 사투리가 열매들처럼 툭 툭 불거진다.

아, 저 보아라 저무는 강둑 착한, 젖먹이 소를
앞세우고 가는 농부의 뒷모습, 서해 짠물 속에
머리를 쳐 박고 들어가 이제는 멸치 떼고
새우 떼고 마구 퍼 올리는 한국의 강을, 저
이끼 슬은 관촉사의 저녁 종소리가 들릴 때까지 그러고도
이 벌판 가득 차오르는 저 찬란한 별들을.

나는 금강 답사를 마무리하며 생각한다. 강물은 발원지에서부터 흘러 개울이 되고 골짜기의 물줄기가 지류가 되고 지류는 강이 된다.

금강의 강물은 흘러서 어떤 경우에는 용담댐에서 물길을 바꾸어 전주 김제로 빠지는 경우도 있고 대청댐까지 흘러서 청주 천안으로 가기도 하지만 고여 썩는 경우도 있고 온갖 장애물을 넘고서 서해 바다에까지 이르는 경우도 있을 것이다.

사람의 생도 마찬가지이다. 나는 우리네 삶도 가다가 멈

추지 말고 강처럼 넓어져 큰 바다에 이르는 삶이기를 바라면서, 강 건너 서천군 마서면과 장항 쪽을 건너다본다.

마서면 당선리를 지나 서천군 장항읍 장암동에 위치한 질구지개는 기벌포, 지화포, 손량, 장암포, 서천포, 백강, 진포 등 여러 이름으로 불리고 있다. 지도상에서 금강의 하구가 되는 이곳은 백제의 충신 성충이 의자왕에게 간곡하게 요청하였던 전설 속의 현장이다.

"만일 다른 나라 군대가 쳐들어오거든 육군은 숯고개(탄현)를 넘지 못하게 하고 수군은 기벌포에 들어오지 못하도록 하소서."

그러나 의자왕은 성충의 충정과 사태의 심각성을 깨닫지 못하고 있다가 나당연합군에게 나라를 내주고 말았다.

장항에 서천군의 상징처럼 불리던 장항제련소가 있다. 일제 때 세워져 비철금속제련을 하던 장항제련소는 1972년에 민영화되었고 금, 은, 구리, 황, 상, 동, 안티모니, 창연, 아연 같은 광금속을 6만 톤쯤을 생산해내며 지역경제의 한 축을 형성해냈지만 공장에서 뿜어내는 아황산가스의 피해로 주변의 농작물을 죽게 하는 등의 문제점을 낳고 있다.

금강! 백제의 멸망과 후백제의 쓰라림을 묵묵히 지켜본 이 강은 고려 왕건의 「훈요십조」에 의해 수난의 긴 터널 속으로 들어갈 수밖에 없었다. 조선 왕조의 건국과 더불어 그나마 나아졌던 상황이 정여립 모반사건, 즉 기축옥사로 인하여 또다시 차별의 늪 속으로 빠져들어갔고 이몽학의 난도 역시 금강 기슭에서 일어났다.

300여 년의 세월이 흐른 뒤 '사람 안에 한울님을 모셨다.'는 동학이 한 시대의 변혁과 혁명을 위해 일어났지만 결국 실패할 수밖에 없었다. 그런 의미에서 금강은 역사의 물줄기 속에서 정확하게 한 획을 그었던 변혁의 강이라고 본다면 지나친 판단일까.

금강 따라 천 리 길을 걸어 우리들은 강가에 온몸을 내맡긴 채 살아가는 사람들을 바라보며 얼마나 뜨겁게 눈시울을 적시고 가슴이 찢어지도록 아팠는지 모른다.

나는 나 자신과의 약속을 지키고 싶었고 동시에 다른 사람과의 약속도 지키고 싶었다. 이제 그 첫 번째 약속 '금강 따라 천 리 길을 한 걸음 한 걸음 걷는다.'라는 약속은 지킨 듯싶다.

그러나 그 약속보다도 더 중요한 약속은 금강을 금강이라는 이름에 걸맞게 비단결 같은 포근하고 아름다운 강으로 만드는 일이다. 그것은 이제부터가 시작일 것이다. 영화 「흐르는 강물처럼」에 나오는 "우리는 기꺼이 돕겠습니다라고 말하지만 그러나 정작 필요할 때는 뭘 도와야 하는지를 모르고…… 이렇게 이해 못하는 사람들과 살고 있다는 사실을 알아야 합니다."라는 말처럼 우리들이 금강에 대해 무엇을 알았다고 말할 수 있으며 어떤 형태의 실천이 강도 살리고 우리도 살 수 있는가를 깨달아야 할 것이다.

나는 이제 강이 흐르듯이 강 같은 이야기, 사람 사는 이야기, 역사와 문화 이야기를 되도록 설득력 있게 쉽고 간

결하게 쓰려고 한다. 그 또한 생각처럼 쉽지는 않을 것이다. "내 책은 두 부분으로 이루어졌다. 이 책에 씌어진 부분과 씌어지지 않은 부분이 그것이다. 그리고 정말 중요한 부분은 바로 두 번째 부분이다."라는 비트겐슈타인의 말처럼 나는 금강을 쓰긴 썼지만 중요한 부분은 제대로 쓰지 못했는지도 모른다.

나는 지금 이 순간 가고 온다는 것, 뜨고 진다는 것을 생각한다. 그렇다. 나는 지는 해의 마지막 모습을 안쓰럽게 바라보고 있다. 해여. 그대는 오늘 지고 내일 다시 떠오를 것이고 나는 내일 내가 걸어가야 할 또 다른 길을 향해 무거운 발걸음을 옮길 것이다. 나는 이제 마침표를 찍는다.

금강이여, 활활 타오르듯이 지는 해여. 나는 내일부터 다시 시작하고 싶다. 나를 지켜보아다오.

| 참고문헌 |

『신증동국여지승람』: 민족문화추진회,

『대동지지』: 아세아문화사, 1972.

『한국근대읍지』: 한국인문과학원, 1991.

『국역 한국지』: 한국정신문화연구원, 1984.

『정감록』: 김수산 편, 명문당, 1981.

『택리지』: 이중환(이익성 역), 을유문화사, 1993.

『삼국유사』: 일연

『삼국사기』: 김부식

『연려실기술』: 이긍익, 민족문화추진회, 1982.

『고려사』

『조선왕조실록』

『선조수정실록』

『태천집(한국문집총간77)』: 민족문화추진회.

『한국지명총람』: 한글학회 1981.

단행본

『민물고기를 찾아서』 : 최기철, 한길사, 1991.

『한국의 산하』 : 이형석, 홍익제, 1990.

『태백산맥은 없다』 : 조석필, 사람과산, 1997.

『산경표』 : 신경준 지음, 박용수 역, 푸른산, 1990.

『송시열과 그들의 나라』 : 이덕일, 김영사, 2000.

『새로 쓰는 백제사』 : 이도학, 푸른역사, 1997.

『사상기행』 : 김지하, 실천문학사, 1999.

『한국사이야기』 : 이이화, 한길사.

한국민족문화대백과사전 한국정신문화연구원

세계대백과사전 동아출판사 1992

『동학의 산 그 산들을 가다』 : 신정일, 사람과산, 1995.

『지워진 이름 정여립』 : 신정일, 가람기획, 2000.

『나를 찾아가는 하루산행』 : 신정일, 푸른숲, 2000.

『모악산』 : 신정일 외 공저, 전북도민일보사, 1982.

한국의 발견, 『뿌리깊은 나무』 1986 (전북, 충남, 충북).

『청풍옛길』 : 양승철, 유림사, 1986.

『다시 쓰는 택리지 1 · 2 · 3 · 4 · 5』 : 신정일, 휴머니스트, 2004.

『대동여지도로 사라진 옛고을을 가다 1 · 2 · 3』 : 신정일, 황금나침반, 2006.

「군산, 강경의 수운과 나루터 · 포구의 유형 연구」 : 김중규, 2006.

「19세기 조운의 운영실태」 : 안길정, 2006.

금강 따라 짚어가는 우리 역사

1판 1쇄 인쇄 2007년 10월 12일
1판 1쇄 발행 2007년 10월 19일

지은이 | 신정일
발행인 | 박근섭
펴낸곳 | 민음사출판그룹 (주) 황금나침반

출판등록 | 2005. 6. 7. (제16-1336호)
주소 | 135-887 서울 강남구 신사동 506 강남출판문화센터 4층
전화 | 영업부 (02)515-2000 / 편집부 (02)514-2642 / 팩시밀리 (02)514-2643
홈페이지 | www.gdcompass.co.kr

값 10,000원

ISBN 978-89-92483-27-8 03900